LINEAR ALGEBRA

선형대수 입문

원대연 지음

KYOWOOSA 교우사

머리말

《선형대수》는 수학을 전공하는 학생은 누구나 극복하여야 할 과목이다. 보통《미분적분학》을 공부하는 학생은《다변수 미분적분학》의 일부로 변수가 두 개 이상인 함수의 미분과 적분을 공부하기 위한 준비로 2차원 평면과 3차원 공간에 대한《선형대수》의 기본적인 내용을 배운다. 여기서 다루는 내용 중 일부는《선형대수》의 영역에 속하지만 3차원 공간의 두 벡터의 벡터곱처럼 오히려 학부 수준의《선형대수》 시간에는 다루지 않는 내용들도 있다.

《선형대수》에 대한 준비가 완전하지 않으면 이 과목 이후에 배우게 되는 과목을 매우 어렵게 느끼고 심지어 중도에 포기해야만 하는 결과를 가져오게 된다. 학부 저학년 때 만난 선형대수에서 수학의 아름다움을 느끼지 못하고 수학을 포함하여 다른 자연과학과 사회과학의 여러 분야로 응용할 수 있다는 유용성을 체감하지 못 하면 선형대수가 괴물로 남을 수도 있다.

미분적분학 교재 시장에서 스튜어트의 교과서가 차지하는 것 같은 과점적인《선형대수》 교재는 없는 것 같다. 밤하늘의 별처럼 많은 교과서들을 두고 또 하나의 책을 쓸 수 밖에 없었던 큰 이유는 내 강의에 딱 맞는 책을 찾을 수 없었기 때문이다. 지난 몇 년간의 경험을 살려 학생들이 읽어서 쉽게 이해할 수 있도록 가능하면 비형식적으로 서술하려고 노력하였다. 또 학생들의 머리를 수학적으로 구조화 시키기 위해 뒤에 나올 엄밀한 정의들을 왜 생각해야 되는지를 미리 알리기 위해 노력하였다. 따라서 정의나 어떤 개념이 공식적으로 서술되기 이전에 비형식적으로 미리 소개된 경우가 많다. 이 책을 사용하는 학생을 위하여 시각적으로 정의나 질문 등은 박스로 처리하였고 정리나 쉽게 얻을 수 있는 사실 등은 음영을 주어 처리하였다.

선형대수에 관한 책은 행렬의 연산에 관한 초보적인 수준의 책부터 추상적인 고급 수준의 책까지 다양하다. 참고 문헌에는 아주 쉬운 것은 아닌 초보 수준의 책으로 [1]과 [5], 중간 수준의 책으로 선형대수에서 강조해야 할 부분을 새롭게

제시한 책으로 [4], 학부 수준의 책으로는 가장 추상적이고 계산보다는 증명을 중시한 [2]와 [3]만을 포함시켰다. [1]과 [2]와 [3]은 출간된지 오래 되어 어느 정도 시대에 뒤떨어진 것처럼 보이지만 여전히 교과서로 유용하다. 아마존 사이트를 검색해 보면 최신의 책들을 많이 찾을 수 있고 인터넷을 검색하면 누구든지 내려받아 쓸 수 있도록 공개된 책들도 있다.

저자는 엠아이티 대학의 오픈코스웨어를 통해 알게된 [4]의 저자인 길버트 스트랑 교수의 선형대수 강의를 접하고 나서 《선형대수》 강의를 맡고 이런 책을 써야겠다고 결심하게 되었다. 그의 강의를 요즘은 아이튠즈유를 통하여 스마트폰으로도 쉽게 접속할 수 있지만 처음 공개 당시에는 리얼미디어로만 인코딩이 되어 있었고 컴퓨터에서만 볼 수 있었다. 이런 불편함에도 불구하고 그의 강의는 나에게 매우 혁명적인 것이었다. 《선형대수》를 전공하는 최고의 수학자가 이 시대에 필요한 《선형대수》가 무엇임을 알려주는 강의였고 오래 동안 안주하고 있었던 우물 안을 벋어날 수 있는 기회를 제공해 주었다. 학생들에게도 저자와 같은 경험을 할 수 있기를 기대하지만 기기의 발달에도 불구하고 현실적으로 영어로 된 강의를 해득하는데 한계가 있기 때문에 직접 스트랑 교수의 강의를 듣는 것으로 《선형대수》를 공부하는 것을 대신하라고 하기는 불가능하다. 이 책이 그의 강의를 듣고 저자처럼 새로운 눈을 뜨는데 작으나마 도움이 되기를 바란다.

이 책을 쓸 준비를 하며 가장 고민하였던 것은 서구의 용어를 어떻게 우리말로 표현할 것인가였다. 수학 용어도 가능하면 순우리말로 표현하는 것이 가장 바람직하겠지만 이미 오랫동안 사용해 왔던 한자어 용어도 무시할 수 없었다. 현실을 고려하고 대한수학회의 수학용어집을 사용하되 가능하면 쉬운 용어를 사용하려고 노력하였다.

이 책은 TEX을 이용하여 조판되었다. 저자는 15년의 터울을 두고 책 두권을 출판하면서 TEX을 이용하여 조판하였다. 그런데 처음 책을 만들 당시에 TEX의 한글 환경이 보잘 것 없었을 뿐 아니라 TEX의 여러 기능을 사용하기에는 시간이 너무 소비되어 TEX으로 한글 책을 만드는 작업이 지난한 일이었는데 최근 TEX과 특히 한글 TEX이 아주 고급스러운 수준으로 발전하여 여러 해 동안 강의하며 모아 놓았던 자료를 이용하여 쉽게 책을 쓸 수 있게 되었다. 지난 10여 년간 한글

TEX의 발전에 노력하신 분들이 없었으면 지난 강의록을 모아 책으로 만들려는 시도조차 없었을 것다. 이 분들에게 저자의 마음에서 우러나오는 감사를 드린다.

이 책이 출간 되기까지 손 그림을 컴퓨터 파일로 만드는데 교우사 편집부원들의 노고가 있었다. 작은 국내 시장 환경에도 불구하고 훌륭한 수학 서적을 지속적으로 출판하여 수학의 저변을 넓히고 이 책의 출판에도 많은 도움을 주신 교우사 오판근 사장님을 비롯한 직원 여러분들께 드리는 감사의 말을 여기에 마지막으로 기록한다.

2015년 3월

삼각산이 보이는 연구실에서

저자 씀

차 례

제 1 장

행렬과 연립일차방정식

1.1 연립일차방정식

선형대수의 기본적인 문제는 연립일차방정식의 해를 구하는 것이다. 주어진 연립일차방정식의 방정식의 개수와 미지수의 개수가 같을 수도 있고 방정식의 개수가 미지수의 개수보다 크거나 반대일 수도 있다.

주어진 연립일차방정식을 기하학적인 그림으로 나타내는 방법으로 행그림과 열그림이 있는데, 행그림은 각 일차방정식을 하나씩 따로 생각하는 경우이고 열그림은 열을 하나씩 따로 생각하는 경우이다. 각 일차방정식의 해집합이 평면이나 직선 등 유클리드 공간의 부분공간으로 나타나기 때문에 방정식 을 개별적으로 다룰 때에는 편리한 점이 있지만 연립일차방정식의 해집합은 이런 평면이나 직선 등 부분공간의 교집합이므로 유클리드 공간의 부분공간으로 나타내기 쉽지않다. 오히려 연립일차방정식의 각 일차방정식을 함께 고려하는 열그림이 방정식의 해를 이해하는데 효과적이다. 이 절에서는 주어진 연립일차방정식을 대수적으로 표현하기 위해 행렬을 이용하는 방법을 공부한다.

1.1.1 연립일차방정식

미지수가 2개이고 식이 2개인 연립일차방정식

$$\begin{aligned} 2x - \ \ y &= 0 \\ -x + 2y &= 3 \end{aligned} \tag{1.1}$$

으로 시작하자.

(1.1)의 두 방정식의 차이는 첫 식이 원점 $(0,0)$을 지난다는 점이다 방정식의 우변이 0인 경우 원점을 지나고 그렇지 않은 경우는 원점을 지나지 않는다. 또 $x = 1$일 때 $y = 2$가 첫 방정식을 만족하고 두 점 $(0,0)$과 $(1,2)$를 지나는 직선 위의 점이 이 식을 만족한다. 즉, 첫 식의 해집합이 두 점 $(0,0)$과 $(1,2)$를 지나는 직선이다.

반면에 (1.1)의 두 번째 방정식은 원점을 지나지 않는다. $x = 0, y = 0$를 식에 대입하였을 때 등식이 성립하지 않으므로 원점 $(0,0)$은 두 번째 방정식의 해가 아니다. (1.1)의 두 번째 식에서 $y = 0$이면 $x = -3$이다. 또 $x = -1$이면 $y = 1$이다. 따라서 $(-3,0)$과 $(-1,1)$을 잇는 직선 위의 점들이 (1.1)의 두 번째 식을 만족하고 이 직선이 두 번째 식의 해집합이다.

연립일차방정식의 해는 주어진 식을 동시에 만족해야하므로 위에서 구한 두 해집합의 교집합이 가 이 연립일차방정식의 해집합이 된다. $x = 1, y = 2$이 (1.1)의 두 식을 동시에 만족시키므로 점 $(1,2)$가 이 연립일차방정식의 해이다. 물론 해집합이 이 것보다 더 클 수 있다.

이 연립일차방정식 (1.1)을 방정식의 계수로 얻어진 행렬을 이용하면

$$\begin{bmatrix} 2 & -1 \\ -1 & 2 \end{bmatrix} \begin{bmatrix} x \\ y \end{bmatrix} = \begin{bmatrix} 0 \\ 3 \end{bmatrix} \tag{1.2}$$

으로 표현할 수 있다. 아직 (1.2)의 좌변의 두 행렬의 곱을 엄밀하게 정의하지는 않았지만 곱하는 행렬이 열벡터이거나 행벡터인 경우는 대체로 계산하는 방법을 알고 있다고 가정하자.

여기서 각 방정식의 해집합은 2차원 xy 평면 위의 직선이 되고 연립방정식의 해집합은 이 두 직선의 교집합이 된다. 이 때 이 교집합은 공집합이거나 한 점이거나 직선이 된다.

1.1.2 행그림과 열그림

다시 연립일차방정식 (1.1) 또는 (1.2)으로 돌아가 이 방정식의 해집합을 그림으로 나타내 보자. 이 연립방정식의 해집합은 두 직선의 교집합이 되는데 각 식의 해집합인 직선을 2 차원 평면에 나타내면 그림 1.1와 같다.

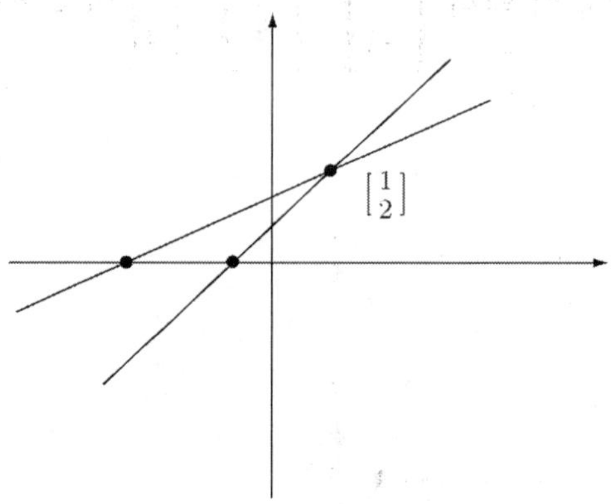

그림 1.1: 행그림

각각의 직선이 행렬의 행이 나타내는 일차방정식의 해집합이므로 이 그림을 행그림(row picture)이라고 부른다.

이제 같은 방정식을 x와 관련된 부분과 y와 관련된 부분을 따로 생각하여

두 개의 방정식을 동시에

$$x\begin{bmatrix}2\\-1\end{bmatrix}+y\begin{bmatrix}-1\\2\end{bmatrix}=\begin{bmatrix}0\\3\end{bmatrix} \tag{1.3}$$

로도 표현할 수 있다. 즉, $\begin{bmatrix}0\\3\end{bmatrix}$이 적당한 상수 x와 y에 대하여 $\begin{bmatrix}2\\-1\end{bmatrix}$의 x배와 $\begin{bmatrix}-1\\2\end{bmatrix}$의 y배 배의 합으로 표현된다. §1.1.1의 계산에 의해

$$1\begin{bmatrix}2\\-1\end{bmatrix}+2\begin{bmatrix}-1\\2\end{bmatrix}=\begin{bmatrix}0\\3\end{bmatrix}$$

이다. 2 차원 평면 위에 세 벡터 $\begin{bmatrix}2\\-1\end{bmatrix}$, $\begin{bmatrix}-1\\2\end{bmatrix}$, $\begin{bmatrix}0\\3\end{bmatrix}$의 관계를 나타내면 그림 1.2와 같다.

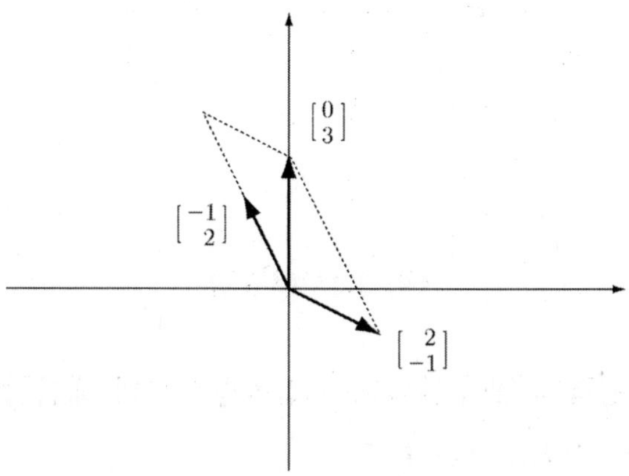

그림 1.2: 열그림

여기서 두 벡터 $\begin{bmatrix}2\\-1\end{bmatrix}$과 $\begin{bmatrix}-1\\2\end{bmatrix}$는 연립일차방정식 (1.2)의 열벡터이므로 이

그림을 열그림(column picture)이라고 한다.

이 경우 두 벡터 $\begin{bmatrix} 2 \\ -1 \end{bmatrix}$과 $\begin{bmatrix} -1 \\ 2 \end{bmatrix}$의 일차결합이 평면 전체를 생성하게 된다. 이런 경우 연립일차방정식 (1.2)의 우변에 상관없이 항상 방정식의 해가 존재하게 된다. 이런 사실이 앞으로 연립일차방정식의 해의 존재성의 판정에 기본이 된다.

1.1.3 연립일차방정식의 행렬 표현

§1.1.2에서 미지수가 2개이고 방정식이 2개인 연립일차방정식인 경우는 행그림과 열그림을 그리기가 쉬웠다. 이제 미지수와 방정식의 개수를 크게하여 미지수가 3개이고 방정식이 3개인 연립일차방정식을 생각해보자.

보기 1.1.1. 다음 방정식의 해를 구해보자.

$$\begin{aligned} 2x - y \quad &= 0 \\ -x + 2y - z &= -1 \\ -3y + 4z &= 4 \end{aligned} \tag{1.4}$$

이 방정식을 행렬을 이용하여

$$\begin{bmatrix} 2 & -1 & 0 \\ -1 & 2 & -1 \\ 0 & -3 & 4 \end{bmatrix} \begin{bmatrix} x \\ y \\ z \end{bmatrix} = \begin{bmatrix} 0 \\ -1 \\ 4 \end{bmatrix} \tag{1.5}$$

로 표현할 수 있다. 이 방정식의 행그림 사실상 그리기 어렵고 열그림은 그림 1.3과 같다.

원점 $(x = 0, y = 0, z = 0)$는 (1.4)의 아래 두 방정식을 만족하지 않으므로

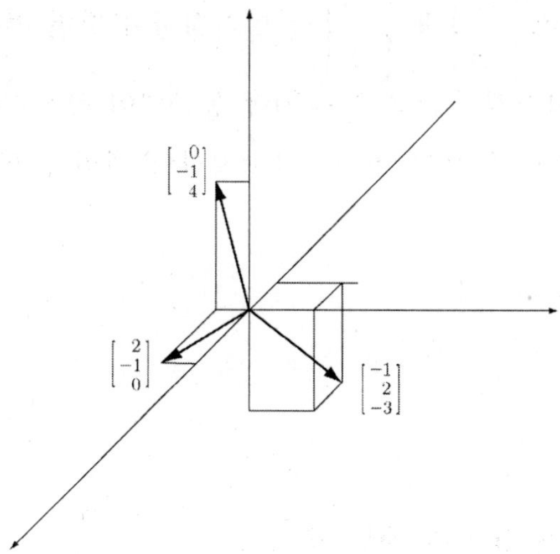

그림 1.3: 열그림

연립일차방정식의 해가 될 수 없다.

(1.4)의 두 번째 식에서 $x = 1$일 때 $y = 0, z = 0$이면 해가 된다. $z = 1$일 때 $x = y = 0$도 해가 된다. 이제 제 삼의 해를 구하기 위해 $x = 0, z = 0$라고 하면 $y = -1/2$이다. 이 방정식의 해집합은 이 세 점을 지나는 평면인데 이 평면을 그리기가 쉽지 않다.

(1.4)의 첫 번째 식의 해집합의 z는 아무 값이라도 된다. 이 해집합도 평면이 되는데, 이 두 평면의 교집합은 직선이다.

(1.4)의 세 번째 식의 해집합도 z는 아무 값이라도 된다. 이 해집합도 평면이 되는데, 이 평면과 위 직선이 만나는 점이 연립일차방정식의 해집합이다. 이 경우 세 평면이 서로 평행이 아니기 때문에 한 점에서 만나고 이 점이 연립일차방정식의 해집합이다. 따라서 (1.4)의 해가 유일하게 존재한다.

보기 1.1.1에서 관찰한 바에 의하면 각각의 방정식의 해집합은 3 차원 공간인 xyz 공간의 평면이 된다. 연립방정식의 해집합은 각각의 해집합인 세 평면의 교집합이다. (1.4)의 경우 두 평면이 만나면 직선이 되고 평면과 직선이 만나면 한 점이 되므로 이 연립방정식의 해집합은 한 점이다. 즉, (1.4)의 해가 유일하게 존재한다. 이 연립방정식의 행그림을 3 차원 공간에 그리기는 쉬운 일이 아닌데 열그림은 비교적 간단하게 그릴 수 있었다.

연립방정식 (1.4)은

$$x\begin{bmatrix}2\\-1\\0\end{bmatrix}+y\begin{bmatrix}-1\\2\\-3\end{bmatrix}+z\begin{bmatrix}0\\-1\\4\end{bmatrix}=\begin{bmatrix}0\\-1\\4\end{bmatrix}$$

로 표현할 수 있다. 세 개의 열벡터를 $\mathbb{R}^3$에 그리면, 방정식의 해를 구하는 문제는 다음 문제와 같다.

이 열벡터들의 적당한 일차결합이 우변의 벡터가 될 수 있는가?

이 방정식의 우변은 특별한 벡터이기 때문에 어떤 일차결합이 이 벡터가 되는지 쉽게 알 수 있다. 세 번째 열벡터가 우변이다. 따라서 이 점 $(0,0,1)$이 행그림의 세 평면이 만나는 점이다. 즉,

$$x=0,\ \ y=0,\ \ z=1$$

이 이 방정식의 해가 된다.

보기 1.1.2. 이제 계수행렬은 그대로 두고 우변의 벡터에 변화를 주자. 첫 두 열벡터의 합을 우변이라고 하자.

$$\begin{bmatrix}2&-1&0\\-1&2&-1\\0&-3&4\end{bmatrix}\begin{bmatrix}x\\y\\z\end{bmatrix}=\begin{bmatrix}1\\1\\-3\end{bmatrix}\tag{1.6}$$

이때 새로운 방정식의 해가 무엇이 될 지는 명백하다.

행그림에서는 3개의 새로운 평면을 얻게 되고 $(1,1,0)$에서 세 평면이 만나게 된다. 열그림에서는 같은 세 개의 열벡터의 일차결합을 생각하면 된다.

이제 보기 1.1.1과 보기 1.1.2에서 살펴 보았던 바를 일반화하여 앞으로 체계적으로 생각할 문제를 만들어 보자. 연립일차방정식을 행렬을 이용하여

$$A\boldsymbol{x} = \boldsymbol{b}$$

로 나타내기로 한다.

지금까지 살펴 보았던 문제 중의 하나는 다음과 같다.

> 행렬 A가 주어졌을 때 모든 $\boldsymbol{b}$에 대해서 $A\boldsymbol{x} = \boldsymbol{b}$의 해가 항상 존재하게 될까?

해가 존재하면 §1.3에서 배우게 될 가우스 소거법을 이용하여 해를 구할 수 있다. 이 문제를 일차결합의 문제로 바꾸면 다음과 같다.

> 행렬의 열벡터의 일차결합이 3차원 공간을 메울 수 있는가?

행렬 A에 벡터 $\boldsymbol{x}$를 곱하면 A의 열벡터의 일차결합을 얻는다. 보기 1.1.1와 보기 1.1.2의 행렬은 뒤에서 정의하게 될 정칙행렬(non-singular matrix)이다. 이 경우 행렬이 가역행렬이어서 방정식의 해가

$$\boldsymbol{x} = A^{-1}\boldsymbol{b}$$

로 유일하게 존재한다.

이 문제의 답이 아니오인 경우, 즉 방정식의 해가 존재하지 않는 경우는 행렬 A의 열벡터의 어떤 일차결합도 $\boldsymbol{b}$가 되지 않는 경우이다. 예를 들어 행렬 A의 3개의 열벡터가 한 평면 위에 있는 경우, 즉, 이 열벡터의 모든 일차결합의 집합이 한 평면인 경우다. 이 때 $\boldsymbol{b}$가 이 평면에 속하면 방정식의 해가 존재하고 대부분의 경우처럼 $\boldsymbol{b}$가 평면에 속하지 않으면 방정식의 해가 존재하지 않는다. 이때 주어진 행렬 A는 가역행렬이 아니다.

이제 역으로 다음 문제를 생각해 보자.

> $\boldsymbol{b}$가 주어졌을 때 어떤 행렬 A에 대해서 $A\boldsymbol{x} = \boldsymbol{b}$의 해가 항상 존재하게 될까?

이 질문에 대한 해답은 행렬 A의 열벡터를 포함하는 공간이 열쇠를 쥐고 있다. $\boldsymbol{b}$가 이 공간에 있으면 이 방정식의 해가 존재고 $\boldsymbol{b}$가 이 공간에 있지 않은 경우 이 방정식의 해가 존재하지 않는다. $A\boldsymbol{x} = \boldsymbol{b}$의 해가 항상 존재하지 않는 경우를 특이 경우(singular case)라고 하고 이런 행렬 A를 특이행렬(singular matrix)이라고 한다.

이제 방정식의 개수와 미지수의 개수를 늘려 9개씩이라고 해보자. 방정식의 계수 행렬의 열벡터가 일차독립이 아닌 경우, 예를 들어 9번째 열벡터가 8번째 열벡터와 같다면 9개 열벡터의 일차결합을 만들 때 9번째 열벡터는 더 이상 새로운 것을 만들지 못하고 일차결합으로 표현할 수 없는 $\boldsymbol{b}$가 존재한다. 쉽게 그림을 그릴 수는 없지만 9차원 공간의 9개의 벡터의 일차결합이 선형대수의 중심적인 역할을 한다.

마지막으로 방정식을 행렬을 이용해서 $A\boldsymbol{x} = \boldsymbol{b}$ 라고 하자. 여기서 행렬의 곱 $A\boldsymbol{x}$를 2가지 방법으로 생각해보자. 우선

$$\begin{bmatrix} 2 & 5 \\ 1 & 3 \end{bmatrix} \begin{bmatrix} 1 \\ 2 \end{bmatrix} = 1 \begin{bmatrix} 2 \\ 1 \end{bmatrix} + 2 \begin{bmatrix} 5 \\ 3 \end{bmatrix} = \begin{bmatrix} 12 \\ 7 \end{bmatrix}$$

이다. 여기에서 $\begin{bmatrix} 2 \\ 1 \end{bmatrix}$과 $\begin{bmatrix} 5 \\ 3 \end{bmatrix}$은 행렬 $\begin{bmatrix} 2 & 5 \\ 1 & 3 \end{bmatrix}$의 열벡터이고 좌변의 행렬의 곱을 계산한 것이 행렬의 열벡터의 결합(combination)으로 표현된다. 다음으로 열벡터를 생각하여

$$\begin{bmatrix} 2 & 5 \end{bmatrix} \begin{bmatrix} 1 \\ 2 \end{bmatrix} = 12, \quad \begin{bmatrix} 1 & 3 \end{bmatrix} \begin{bmatrix} 1 \\ 2 \end{bmatrix} = 7$$

이다. $\boldsymbol{b} = \begin{bmatrix} 12 \\ 7 \end{bmatrix}$이면 $\boldsymbol{x} = \begin{bmatrix} 1 \\ 2 \end{bmatrix}$가 이 방정식의 해이다.

1.1.4 연습 문제

문제 1.1.1. 영행렬이 아닌 3×3 행렬로 $A^2 \neq 0$이지만 $A^3 = 0$인 행렬 A를 구하시오.

문제 1.1.2. (1) 다음 행렬 A의 역행렬을 구하시오.

$$A = \begin{bmatrix} 1 & 1 & 1 \\ 1 & 2 & 3 \\ 1 & 3 & 6 \end{bmatrix}$$

(2) A의 역행렬을 이용하여 다음 방정식의 해를 구하시오.

$$A\boldsymbol{x} = \begin{bmatrix} 1 \\ 0 \\ -1 \end{bmatrix}$$

문제 1.1.3. 연립일차방정식

$$\begin{aligned} x - 2y &= 0 \\ x + \ y &= 6 \end{aligned}$$

의 행그림와 열그림을 그리시오.

문제 1.1.4. 소거법을 이용하여 방정식

$$\begin{aligned} 4x - 5y &= 43 \\ -7x - 4y &= 14 \end{aligned}$$

의 해를 구하시오.

문제 1.1.5. 소거법을 이용하여 방정식

$$\begin{aligned} 4x + 4y - 5z &= -25 \\ -5x - 2y + 4z &= 14 \\ 4x + 5y + 6z &= 35 \end{aligned}$$

의 해를 구하시오.

문제 1.1.6. 벡터 $\begin{bmatrix} -15 \\ -11 \end{bmatrix}$를 $\begin{bmatrix} 2 \\ -4 \end{bmatrix}$와 $\begin{bmatrix} -7 \\ 6 \end{bmatrix}$의 일차결합으로 표시하시오.

문제 1.1.7. 행렬 $A = \begin{bmatrix} x & -8 \\ y & 5 \end{bmatrix}$가 $A^2 = A$을 만족할 x와 y를 구하시오.

문제 1.1.8. 방정식 $-8x + 9y + 5z = -3$의 해를 모두 구하시오.

문제 1.1.9. $\mathbb{R}^3$의 벡터로 $\begin{bmatrix} -1 \\ -2 \\ 3 \end{bmatrix}$에 수직인 벡터를 모두 구하시오.

1.2 행렬의 계산

이미 간단한 행렬의 곱을 사용해 왔는데 이 절에서는 두 행렬을 곱하는 여러 방법을 배운다. 그 다음 역행렬을 정의하고 역행렬을 구하는 방법을 배운다.

1.2.1 행렬의 곱

행렬 A의 i행 j열 성분을 A_{ij}로 표기하자. 두 행렬 A와 B를 곱하여 C가 된다고 할 때 C_{ij}를 A와 B의 성분으로 나타내보자. C_{ij}는 A의 i행과 B의 j열과의 곱으로 정의한다. 이 곱은 행벡터를 열벡터로 보았을 때 두 열벡터의 스칼라곱이다. 이 스칼라곱은 A의 i행의 첫 번째 성분과 B의 j열의 첫 번째 성분을 곱하고 A의 i행의 두 번째 성분과 B의 j열의 두 번째 성분을 곱하고 이렇게 순서대로 곱하여 얻은 값들을 더한 것으로 정의한다.

이 정의가 잘 정의되려면 A의 i행의 마지막 성분과 B의 j열의 마지막 성분까지 차례로 곱할 수 있어야 하기 때문에 A의 열의 개수와 B의 행의 개수가 같아야 한다. 이상을 종합하면, A의 열의 개수와 B의 행의 개수가 n으로 같은 경우

$$C_{ij} = A_{i1}B_{1j} + A_{i2}B_{2j} + \cdots + A_{in}B_{nj} = \sum_{k=1}^{n} A_{ik}B_{kj}$$

이다.

이 곱이 정의되려면 정사각행렬인 경우 두 행렬의 크기가 같아야 한다. 직사각행렬인 경우 A의 열의 개수와 B의 행의 개수가 같아야 한다. 이 경우 $m\times n$ 행렬 A와 $n\times p$ 행렬 B를 곱한 행렬 C는 $m\times p$ 행렬이다. 행렬 A의 열과 행렬 B행을 나타내는 인덱스에 대하여 더해지므로 곱한 행렬 C는 $m\times p$ 행렬이다.

$$\underbrace{A}_{m\times n}\cdot\underbrace{B}_{n\times p}=\underbrace{C}_{m\times p}$$

이제 두 행렬의 곱을 행과 열을 한꺼번에 계산하는 방법으로 생각해 보자. 행렬 A에 행렬 B의 첫 번째 열 B_1을 곱하면 C의 첫 번째 열 C_1을 얻는다. A에 B의 두 번째 열 B_2을 곱하면 C의 두 번째 열 C_2을 얻는다. 이렇게 하면

$$A\cdot\begin{bmatrix}B_1 & B_2 & \cdots & B_p\end{bmatrix}=\begin{bmatrix}C_1 & C_2 & \cdots & C_p\end{bmatrix}$$

이고 C의 열은 A의 열벡터의 일차결합으로 표시된다. 일차결합의 계수는 행렬 B의 열벡터의 성분이다. A의 열벡터의 크기는 m이고 C의 열벡터의 크기도 m이므로 위에서 정의한 곱이 의미가 있다.

두 행렬의 곱을 행과 열을 한꺼번에 계산하는 두 번째 방법으로 행벡터를 이용한 곱을 생각할 수 있다. 행렬 C의 행벡터는 행렬 B의 행벡터의 일차결합으로 표시할 수 있는데 일차결합의 계수는 행렬 A의 행벡터의 성분이다.

이제 마지막으로 A의 열벡터와 B의 행벡터의 곱에 대해서 알아보자. A의 열벡터는 크기가 $m\times 1$이고 B의 행벡터는 크기가 $1\times p$이어서 두 벡터의 곱이 잘 정의되고 크기는 $m\times p$이다.

보기 1.2.1.

$$\begin{bmatrix}2\\3\\4\end{bmatrix}\begin{bmatrix}1 & 6\end{bmatrix}=\begin{bmatrix}2 & 12\\3 & 18\\4 & 24\end{bmatrix}$$

이 두 행렬의 곱은 행을 기준으로 하면 $\begin{bmatrix}1 & 6\end{bmatrix}$의 상수$(2,3,4)$배이고, 열을 기준으로 하면 $\begin{bmatrix}2\\3\\4\end{bmatrix}$의 상수$(1,6)$배이다. 즉, 곱의 각 행은 $\begin{bmatrix}1 & 6\end{bmatrix}$을 포함하는 직선

위에 있게 되고 각 열은 $\begin{bmatrix} 2 \\ 3 \\ 4 \end{bmatrix}$ 를 포함하는 직선 위에 있게 된다.

일반적으로 두 행렬의 곱은 다음과 같이 계산할 수 있다.

정리 1.2.1. $m \times n$ 행렬 A와 $n \times p$ 행렬 B의 곱은 $m \times p$ 행렬

$$AB = A\text{의 열} \cdot B\text{의 행}$$

이다.

보기 1.2.2.

$$\begin{bmatrix} 2 & 7 \\ 3 & 8 \\ 4 & 9 \end{bmatrix} \begin{bmatrix} 1 & 6 \\ 0 & 0 \end{bmatrix} = \begin{bmatrix} 2 \\ 3 \\ 4 \end{bmatrix} \begin{bmatrix} 1 & 6 \end{bmatrix} + \begin{bmatrix} 7 \\ 8 \\ 9 \end{bmatrix} \begin{bmatrix} 0 & 0 \end{bmatrix}$$
$$= \begin{bmatrix} 2 & 12 \\ 3 & 18 \\ 4 & 24 \end{bmatrix}$$

마지막으로 행렬을 블록으로 나누어 곱하는 것을 알아보자. 쉽게 행렬 A와 B를 정사각행렬이라고 하고 다시

$$\left[\begin{array}{c|c} A_1 & A_2 \\ \hline A_3 & A_4 \end{array}\right] \left[\begin{array}{c|c} B_1 & B_2 \\ \hline B_3 & B_4 \end{array}\right] = \left[\begin{array}{c|c} C_1 & C_2 \\ \hline C_3 & C_4 \end{array}\right]$$

와 같이 정사각행렬들로 나누자. 모든 행렬의 곱이 잘 정의되어 있다고 하면

$$C_1 = A_1B_1 + A_2B_3,$$
$$C_2 = A_1B_2 + A_2B_4,$$
$$C_1 = A_3B_1 + A_4B_3,$$
$$C_1 = A_3B_2 + A_4B_4$$

등으로 표현할 수 있다.

1.2.2 전치행렬

행렬 A의 전치행렬(transpose) A^T의 행은 A의 열로 구성된 행렬이다. 즉, $(A^T)_{ij} = A_{ji}$이다.

매트랩에서는 전치행렬을 나타내기 위해 윗첨자 T대신 $'$도 사용한다.

보기 1.2.3.

$$\begin{bmatrix} 1 & 3 \\ 2 & 3 \\ 4 & 1 \end{bmatrix}^T = \begin{bmatrix} 1 & 2 & 4 \\ 3 & 3 & 1 \end{bmatrix}.$$

정리 1.2.2. 두 행렬 A와 B의 곱이 잘 정의 되면 B^T와 A^T의 곱도 잘 정의 되고

$$(AB)^T = B^TA^T, \quad (A^T)^T = A, \quad I^T = I$$

이다.

증명

$$\begin{aligned}\left((AB)^T\right)_{ij} = (AB)_{ji} &= \sum A_{jk}B_{ki} \\ &= \sum (A^T)_{kj}(B^T)_{ik} \\ &= \sum (B^T)_{ik}(A^T)_{kj} \\ &= (B^T A^T)_{ij}\end{aligned}$$

$(A^T)^T$의 (i, j) 성분을 생각하여

$$\left((A^T)^T\right)_{ij} = (A^T)_{ji} = A_{ij}$$

로도 보일 수 있지만 $(A^T)^T$는 A의 대각선을 따라 성분을 두 번 뒤집은 행렬이므로 $(A^T)^T = A$가 당연히 성립한다.

항등행렬 I의 (i, j) 성분은 $I_{ij} = \delta_{ij}$이므로 $I_{ij} = \delta_{ij} = \delta_{ji} = I_{ji}$이다. 이 사실도 항등행렬 I의 전치행렬을 취할 때 뒤집히는 원소는 0뿐이므로 당연하다. □

정사각행렬 A가 $A^T = A$를 만족할 때 A를 대칭행렬(symmetric matrix)이라고 한다.

보기 1.2.4. $\begin{bmatrix} 3 & 1 & 7 \\ 1 & 2 & 9 \\ 7 & 9 & 4 \end{bmatrix}$는 대칭행렬이다.

정리 1.2.3. 행렬 A가 직사각행렬이더라도 A^TA는 항상 정사각행렬이 되고 대칭행렬이다.

증명 A가 $m\times n$ 행렬이라고 하면 A^T는 $n\times m$ 행렬이고 A^TA는 $n\times n$ 행렬이다. 또

$$(A^TA)^T = A^T(A^T)^T = A^TA$$

이므로 A^TA는 대칭행렬이다. □

보기 1.2.5. $A = \begin{bmatrix} 1 & 2 & 4 \\ 3 & 3 & 1 \end{bmatrix}$이면 $A^T = \begin{bmatrix} 1 & 3 \\ 2 & 3 \\ 4 & 1 \end{bmatrix}$이고

$$A^TA = \begin{bmatrix} 1 & 3 \\ 2 & 3 \\ 4 & 1 \end{bmatrix} \begin{bmatrix} 1 & 2 & 4 \\ 3 & 3 & 1 \end{bmatrix} = \begin{bmatrix} 10 & 11 & 7 \\ 11 & 13 & 11 \\ 7 & 11 & 29 \end{bmatrix}$$

이다.

1.2.3 역행렬

정사각행렬 A에 대해서

$$BA = I$$

를 만족하는 행렬 B가 존재할 때 B를 A의 왼쪽-역행렬이라고 한다. 여기에 더하여

$$AB = I$$

도 성립하면, 즉, B가 A의 오른쪽-역행렬도 되면 B를 A의 역행렬(inverse matrix)이라고하고 $B = A^{-1}$로 표시한다.

$AB = I$일 때 $BA = I$는 자동으로 성립한다. 즉, B가 A의 오른쪽-역행렬이면 왼쪽-역행렬이다. 이 경우 A를 가역행렬(invertible matrix) 또는 비특이행렬(non-singular matrix)이라고 한다.

A가 직사각행렬인 경우 BA가 정의되더라도 AB가 정의되는 것은 아니다. 따라서 왼쪽-역행렬이 오른쪽-역행렬이 되는 것은 아니지만 A가 정사각행렬일 때 BA가 정의되면 AB도 정의된다.

우선 역행렬이 존재하지 않는 경우부터 살펴보자.

보기 1.2.6. 행렬 $A = \begin{bmatrix} 1 & 3 \\ 2 & 6 \end{bmatrix}$의 역행렬이 존재하지 않는 이유를 여러 가지 들 수 있다.

(1) §4.1에서 행렬식과 행렬식의 성질을 배우면 $\det A = 0$이기 때문에 역행렬이 존재하지 않는다는 사실을 쉽게 보일 수 있다.

(2) $AB = I$를 만족하는 B가 존재한다면 I의 열들은 A의 열의 일차결합으로 나타낼 수 있는데 $\begin{bmatrix} 1 \\ 2 \end{bmatrix}$나 $\begin{bmatrix} 3 \\ 6 \end{bmatrix}$의 일차결합은 $\begin{bmatrix} 1 \\ 0 \end{bmatrix}$이나 $\begin{bmatrix} 0 \\ 1 \end{bmatrix}$이 될 수 없다.

(3) $A\boldsymbol{x} = \mathbf{0}$을 만족하는 $\boldsymbol{x} \neq \mathbf{0}$을 쉽게 구할 수 있다. 예를 들어 $\boldsymbol{x} = \begin{bmatrix} 2 \\ -1 \end{bmatrix}$이 $A\boldsymbol{x} = \mathbf{0}$의 해가 된다. 그런데 만약 A의 역행렬 A^{-1}가 존재하면

$$\boldsymbol{x} = I\boldsymbol{x} = (A^{-1}A)\boldsymbol{x} = A^{-1}(A\boldsymbol{x}) = A^{-1}\mathbf{0} = \mathbf{0}$$

이어서 모순이 된다.

결론적으로 특이행렬의 열벡터의 영이 아닌 일차결합으로 영벡터 $\mathbf{0}$을 만들 수 있다.

이제 가역행렬의 역행렬을 구하는 방법을 생각해 보자.

보기 1.2.7. $A = \begin{bmatrix} 1 & 3 \\ 2 & 7 \end{bmatrix}$가 가역행렬임을 보기 1.2.6에서와 같이 보일 수 있다.

(1) 행렬식이 0이 아니다. 즉, $\det A = 1$이다.

(2) $\begin{bmatrix} 1 \\ 2 \end{bmatrix}$와 $\begin{bmatrix} 3 \\ 7 \end{bmatrix}$의 방향이 다르다. 즉, 한 벡터를 다른 벡터의 상수배로 나타낼 수 없다.

(3) $A\boldsymbol{x} = \mathbf{0}$의 해가 $\boldsymbol{x} = \mathbf{0}$뿐이다.

여기서는 A의 역행렬 $A^{-1} = \begin{bmatrix} a & c \\ b & d \end{bmatrix}$을 직접 계산을 통해서 구해보자. A와 역행렬 A^{-1}는

$$\begin{bmatrix} 1 & 3 \\ 2 & 7 \end{bmatrix} \begin{bmatrix} a & c \\ b & d \end{bmatrix} = \begin{bmatrix} 1 & 0 \\ 0 & 1 \end{bmatrix}$$

를 만족하므로

$$\begin{bmatrix} 1 & 3 \\ 2 & 7 \end{bmatrix} \begin{bmatrix} a \\ b \end{bmatrix} = \begin{bmatrix} 1 \\ 0 \end{bmatrix}, \qquad \begin{bmatrix} 1 & 3 \\ 2 & 7 \end{bmatrix} \begin{bmatrix} c \\ d \end{bmatrix} = \begin{bmatrix} 0 \\ 1 \end{bmatrix}$$

을 만족하는 상수 a, b, c, d를 구하면 된다. 즉, 미지수가 2개이고 방정식이 2개인 연립일차방정식 2개의 해를 구하면 된다. 이 두 연립일차방정식의 계수행렬이 같다는 점에 착안하여 붙임행렬을 다음과 같이 만들고 행연산을 한다.

$$\left[\begin{array}{cc|cc} 1 & 3 & 1 & 0 \\ 2 & 7 & 0 & 1 \end{array}\right] \to \left[\begin{array}{cc|cc} 1 & 3 & 1 & 0 \\ 0 & 1 & -2 & 1 \end{array}\right]$$

이 행렬을 다음과 같은 2개의 연립일차방정식으로 해석할 수 있다.

$$\begin{aligned} x + 3y &= 1 \\ y &= -2 \end{aligned} \qquad \begin{aligned} x + 3y &= 0 \\ y &= 1 \end{aligned}$$

이제 각 방정식에 후진대입법을 이용하면 $b = -2$이어서 $a = 7$이고, $d = 1$이어서 $c = -3$이다.

여기서 중요한 점은 2개의 연립일차방정식이 같은 행렬 $A = \begin{bmatrix} 1 & 3 \\ 2 & 7 \end{bmatrix}$에 의해서 주어진다는 점이다. 이 단계까지 행연산을 하는 소거법을 가우스 소거법(Gaussian elimination)이라고 한다. 행연산을 더 하여 이 행렬을 기약행사다리꼴(reduced row echelon form)로 만들면

$$\left[\begin{array}{cc|cc} 1 & 0 & 7 & -3 \\ 0 & 1 & -2 & 1 \end{array}\right]$$

이 되어 A^{-1}를 쉽게 구할 수 있다. 주어진 행렬을 기약행사다리꼴로 만들어 방정식의 해를 구하는 방법을 가우스-조던 소거법(Gauss-Jordan elimination)이라고 한다.

이상을 일반화하면

정리 1.2.4. 정사각행렬 A에 대해서 행렬 $\left[\begin{array}{c|c} A & I \end{array}\right]$에 몇 번의 행연산을 통하여 $\left[\begin{array}{c|c} I & B \end{array}\right]$ 꼴의 행렬로 만들 수 있다고 하면, B가 A의 역행렬이다.

증명 기본행렬을 몇 번 곱해 만든 E가 있어서

$$E\left[\begin{array}{c|c} A & I \end{array}\right] = \left[\begin{array}{c|c} I & B \end{array}\right] \tag{1.7}$$

가 된다. 이 때 $EA = I$이기 때문에 E가 A의 역행렬이다. 한편, $EI = B$이기

때문에 역행렬 E가 (1.7)의 우변의 I의 오른쪽에 나타난 B이다. □

보기 1.2.8. 지금까지 행렬 A에서 시작해서 위삼각행렬 U를 만다는 방향으로의 기본행렬을 생각했었는데, 거꾸로 U에서 A를 만들어 내는 행렬을 생각해보자. 여기서 역행렬이 필요했다. 첫 번째 행의 3배를 두 번째 행에서 빼는 역할을 하였던 기본행렬

$$E_{21} = \begin{bmatrix} 1 & 0 & 0 \\ -3 & 1 & 0 \\ 0 & 0 & 1 \end{bmatrix}$$

의 역행렬은 첫 번째 행의 -3배를 두 번째 행에서 빼는 기본행렬이다. 즉,

$$E_{21}^{-1} = \begin{bmatrix} 1 & 0 & 0 \\ 3 & 1 & 0 \\ 0 & 0 & 1 \end{bmatrix}.$$

여기서 계산을 하여

$$\begin{bmatrix} 1 & 0 & 0 \\ 3 & 1 & 0 \\ 0 & 0 & 1 \end{bmatrix}\begin{bmatrix} 1 & 0 & 0 \\ -3 & 1 & 0 \\ 0 & 0 & 1 \end{bmatrix} = \begin{bmatrix} 1 & 0 & 0 \\ 0 & 1 & 0 \\ 0 & 0 & 1 \end{bmatrix}$$

임을 보일 수 있다.

가역행렬 A의 역행렬을 A^{-1}라고 표기하면

$$AA^{-1} = A^{-1}A = I$$

이다. 이제 두 가역행렬 A와 B의 곱 AB와 A의 전치행렬 A^T의 역행렬을 구해보자.

정리 1.2.5. 크기가 같은 두 가역행렬 A와 B에 대하여

(1) $(AB)^{-1} = B^{-1}A^{-1}$,

(2) $(A^T)^{-1} = (A^{-1})^T$

이다.

증명 행렬 A의 역행렬을 A^{-1}, B의 역행렬을 B^{-1}라고 하면

$$(AB)(B^{-1}A^{-1}) = A(BB^{-1})A^{-1} = AIA^{-1} = AA^{-1} = I$$

이고

$$(B^{-1}A^{-1})(AB) = B^{-1}(A^{-1}A)B = B^{-1}IB = B^{-1}B = I$$

이다. 따라서 두 행렬의 곱 AB의 역행렬은 $B^{-1}A^{-1}$이다.

$AA^{-1} = I$의 전치행렬을 취하면

$$(AA^{-1})^T = I^T$$

이다. 한편

$$(AA^{-1})^T = (A^{-1})^T A^T$$

이고 $I^T = I$이므로

$$(A^{-1})^T A^T = I$$

따라서 A^T의 역행렬은

$$(A^T)^{-1} = (A^{-1})^T$$

이다. 즉, 행렬을 전치하는 과정과 역행렬을 구하는 과정의 순서를 바꿀 수 있

다. □

1.2.4 연습 문제

문제 1.2.1. 3×3 행렬 E에 $\begin{bmatrix} x \\ y \\ z \end{bmatrix}$를 곱했을 때 $\begin{bmatrix} x \\ y \\ z+x \end{bmatrix}$가 되는 행렬 E를 구하시오.

문제 1.2.2. 다음 행렬들의 곱을 구하시오.

(1) $\begin{bmatrix} 7 & 4 & -10 & -5 \\ -2 & 9 & 6 & 4 \\ 10 & 10 & 8 & -1 \\ 8 & 4 & -3 & -3 \end{bmatrix} \begin{bmatrix} -2 \\ 4 \\ -7 \\ 3 \end{bmatrix}$

(2) $\begin{bmatrix} 1 & -1 & -3 \end{bmatrix} \begin{bmatrix} -2 & 3 \\ 2 & 2 \\ 2 & 3 \end{bmatrix}$

(3) $\begin{bmatrix} 10 & 8 \\ 8 & -8 \end{bmatrix} \begin{bmatrix} 4 & 10 & -4 \\ -10 & -7 & 7 \end{bmatrix}$

(4) $\begin{bmatrix} -9 & -10 & 7 \\ 8 & -6 & -2 \\ 7 & 9 & -2 \end{bmatrix} \begin{bmatrix} 9 & -10 \\ -1 & 3 \\ 2 & -8 \end{bmatrix}$

(5) $\begin{bmatrix} -9 & 0 & 0 & 0 \\ 0 & 1 & 0 & 0 \\ 0 & 0 & 7 & 0 \\ 0 & 0 & 0 & 5 \end{bmatrix} \begin{bmatrix} -6 & 3 & 6 & -2 \\ 6 & -8 & -9 & 2 \\ 6 & -3 & -2 & 5 \\ -7 & -7 & 7 & -2 \end{bmatrix}$

문제 1.2.3. $\boldsymbol{u} = \begin{bmatrix} 2 \\ -10 \\ -2 \end{bmatrix}$일 때 $\boldsymbol{u}\boldsymbol{u}^T$와 $\boldsymbol{u}^T u$를 구하시오.

문제 1.2.4. 다음 행렬의 역행렬을 구하시오.

(1) $\begin{bmatrix} 9 & 0 \\ -4 & -8 \end{bmatrix}$

(2) $\begin{bmatrix} 2 & 1 \\ 5 & 3 \end{bmatrix}$

(3) $\begin{bmatrix} -1 & 1 & 1 \\ 1 & 0 & 1 \\ 1 & 1 & 2 \end{bmatrix}$

(4) $\begin{bmatrix} -4 & 8 & 5 \\ 0 & 5 & -3 \\ 0 & 0 & 6 \end{bmatrix}$

(5) $\begin{bmatrix} 4 & -12 & -45 \\ -5 & 14 & 52 \\ 2 & -6 & -22 \end{bmatrix}$

(6) $\begin{bmatrix} 1 & 0 & 0 & 0 \\ 0 & -5 & 0 & 0 \\ 0 & 0 & 5 & 0 \\ 0 & 0 & 0 & 1 \end{bmatrix}$

(7) $\begin{bmatrix} 1 & -2 & 6 & 1 \\ 0 & 2 & -2 & -5 \\ 0 & 0 & -4 & 4 \\ 0 & 0 & 0 & 5 \end{bmatrix}$

(8) $\begin{bmatrix} 5 & 1 & 0 & 0 \\ -16 & -3 & 0 & 0 \\ 0 & 0 & -1 & -1 \\ 0 & 0 & -1 & -2 \end{bmatrix}$

(9) $\begin{bmatrix} 0 & 0 & 0 & 1 \\ 0 & 0 & 1 & 0 \\ 0 & 1 & 0 & 0 \\ 1 & 0 & 0 & 0 \end{bmatrix}$

1.3 행렬을 이용한 소거법

이 절에서는 연립일차방정식의 해를 구하는 체계적인 방법에 대해서 공부한다. 행렬식을 이용하는 방법은 §4.3에 나오는데 행렬이 클 경우 행렬식을 구하는데 많은 시간이 소비되므로 실제 문제에 적용할 수 있는 효율적인 방법이 아니다. 여기서는 가우스 소거법을 이용하는데 매트랩(MatLab)등 컴퓨터 프로그램이 이 방법을 이용하여 방정식의 해를 구한다. 주어진 행렬에 따라서는 해를 구할 수 없는 경우도 생기는데 가우스 소거법을 이용하여 해가 존재하는 지 아닌 지를 판별할 수 있다. 가우스 소거법의 아이디어는 매우 자연스럽기 때문에 소거법에 위대한 수학자인 가우스의 이름이 붙은 이유는 그가 단지 우리보다 먼저 살았기 때문이다. 가우스 소거법을 행렬 연산으로도 실행할 수 있는데 이를 위하여 행렬의 곱을 계산할 수 있어야 한다.

1.3.1 가우스 소거법

미지수가 3개이고, 방정식이 3개인 연립일차방정식

$$\begin{aligned} x + 2y + z &= 2 \\ 3x + 8y + z &= 12 \\ 4y + z &= 2 \end{aligned} \tag{1.8}$$

을 생각하자.

연립방정식 (1.8)의 해를 구하기 위하여 미지수를 효과적으로 소거하는 방법을 생각해보자. 첫 식의 미지수 x의 계수 1을 이용하여 첫 식의 3 배를 두 번째 식에서 빼면 두 번째 식에서 x가 소거가 되어

$$\begin{aligned} x + 2y + z &= 2 \\ 2y - 2z &= 6 \\ 4y + z &= 2 \end{aligned} \tag{1.9}$$

이 된다. 이제 더 이상 x를 소거할 필요가 없다. (1.8)의 두 번째 식의 미지수 y

의 계수 2을 이용하여 두 번째 식의 2 배를 세 번째 식에서 빼면 세 번째 식에서 y가 소거가 되어

$$\begin{aligned} x + 2y + \ \ z &= \ \ 2 \\ 2y - 2z &= \ \ 6 \\ 5z &= -10 \end{aligned} \tag{1.10}$$

가 된다. 이제 이 연립방정식으로부터 (1.8)의 해를 구할 수 있다.

방정식을 이용하여 미지수를 소거하는 과정을 행렬을 이용하여 표현해 보자. 방정식 (1.8)를 $A\boldsymbol{x} = \boldsymbol{b}$ 꼴로 표현하면

$$A = \begin{bmatrix} 1 & 2 & 1 \\ 3 & 8 & 1 \\ 0 & 4 & 1 \end{bmatrix}, \ \boldsymbol{x} = \begin{bmatrix} x \\ y \\ z \end{bmatrix}, \ \boldsymbol{b} = \begin{bmatrix} 2 \\ -12 \\ 2 \end{bmatrix}$$

이다. 위의 소거하는 과정을 행렬 A의 열에 적용하여 보자. 행렬 A의 제일 첫 번째 열에서 0이아닌 계수 1을 선택하여 첫 번째 행의 3 배를 두 번째 행에서 빼면 두 번째 행의 첫 계수가 0이 된다. 이 때 두 번째 행의 첫 계수가 0이 되게 하는 첫 번째 열의 계수 1을 축(pivot)이라고 한다. 축은 0이 아니면 된다. 방정식을 0이 아닌 수로 나누어도 해집합은 변하지 않으므로 축이 1이 되도록 할 수 있지만 이 연산을 하게 되면 뒤에 나올 행렬식에 대한 많은 정보를 잃게 된다. 축의 위치에 0이 있다면 행의 순서를 바꾸어 0이 아니도록 한다.

첫 번째 행의 3 배를 두 번째 행에서 빼면 축 1 바로 아래의 성분이 0이 되고 그 바로 오른쪽의 성분은 2가 되어 두 번째 축이 된다. 이 때 3을 승수(multiplier)라고 한다. 두 번째 행의 2 (두 번째 승수)배를 세 번째 행에서 빼주면 두 번째 축 2 아래의 성분은 0이 되고 그 오른쪽 성분은 5가 되어 세 번째 축이

된다. 이 과정을 행렬로 나타내면 다음과 같다.

$$A = \begin{bmatrix} 1 & 2 & 1 \\ 3 & 8 & 1 \\ 0 & 4 & 1 \end{bmatrix} \longrightarrow A_1 = \begin{bmatrix} 1 & 2 & 1 \\ 0 & 2 & -2 \\ 0 & 4 & 1 \end{bmatrix} \longrightarrow A_2 = \begin{bmatrix} 1 & 2 & 1 \\ 0 & 2 & -2 \\ 0 & 0 & 5 \end{bmatrix}$$

이 과정을 통해서 결과적으로 위삼각행렬(upper triangular matrix) A_2를 얻게 되고 여기에 나타나는 3개의 축에 행렬식[1]에 관한 정보가 있게 된다.

첫 번째 축이 1이 아니고 0이라면 행을 교환하면 된다. 즉, 방정식의 순서를 바꾸면다. 이렇게 하더라도 방정식의 해집합은 변하지 않는다. 만약 세 번째 행이 영이되어 세 번째 축이 없다면 행렬 A는 '비가역' 행렬이다.

이 과정에서 우변 $\boldsymbol{b}$는 어떻게 처리해야 하나? 실제로 매트랩에서는 행렬 A에 대한 연산을 하고 그 다음 $\boldsymbol{b}$에도 같은 연산을 실행한다. 이런 소거법을 실행하여 행렬 A에서 위삼각행렬 (또는 사다리꼴 행렬) U를 얻는 것이 목적으로 위의 소거법이 과학계산(scientific computation)에서 가장 널리 알려진 알고리듬이다.

1.3.2 후진대입법

매트랩에서와 같이 행렬 A에 대한 연산을 하고 같은 연산을 $\boldsymbol{b}$에도 반복하는 대신 계수행렬 A에 $\boldsymbol{b}$를 붙여서 만든 행렬 $\tilde{A} = \left[A \,\middle|\, \boldsymbol{b}\right]$에 대해서 행연산을 한꺼번에 실행할 수 있다.

이 행렬 $\tilde{A}$를 행렬 A의 붙임행렬(augmented matrix)이라고 한다. 이 행렬에

[1]행렬식은 §??–§?? 참조

위와 같은 행연산을 하면 다음과 같다.

$$\tilde{A} = \left[\begin{array}{ccc|c} 1 & 2 & 1 & 2 \\ 3 & 8 & 1 & 12 \\ 0 & 4 & 1 & 2 \end{array}\right] \to \tilde{A}_1 = \left[\begin{array}{ccc|c} 1 & 2 & 1 & 2 \\ 0 & 2 & -2 & 6 \\ 0 & 4 & 1 & 2 \end{array}\right] \to \tilde{A}_2 = \left[\begin{array}{ccc|c} 1 & 2 & 1 & 2 \\ 0 & 2 & -2 & 6 \\ 0 & 0 & 5 & -10 \end{array}\right]$$

여기서 마지막 행렬로부터 다음 방정식을 얻는다.

$$\begin{aligned} x + 2y + \ z &= \ \ 2 \\ 2y - 2z &= \ \ 6 \\ 5z &= -10 \end{aligned} \tag{1.11}$$

(1.8)와 (1.11)는 동치인 방정식이다. 즉 두 방정식의 해집합은 같다.

이제 (1.11)의 아래서부터 위로 값을 정해 나갈 수 있다. (1.11)의 마지막 식에 의해 $z = -2$이고 이 값을 두 번째 식에 대입하면 $y = 1$을 얻고 이 값들을 첫 식에 대입하면 $x = 2$를 얻는다. 즉 $x = 2,\ y = 1,\ z = -2$가 이 연립일차방정식의 해가 된다.

행연산에 의해 위삼각행렬이 되도록 하였으므로 위와 같이 역순으로 대입하여 해를 구할 수 있다. 이 방법을 후진대입법(backward substitution)이라고 한다.

1.3.3 소거행렬

이제 좀 더 효과적으로 계산을 하기 위하여 행연산의 각각의 단계를 행렬의 곱으로 표현하는 방법을 생각해 보자.

> A의 왼쪽에서 곱하여 A_1이되는 행렬 E를 구해보자.

$$\begin{bmatrix} & & \\ & E & \\ & & \end{bmatrix}\begin{bmatrix} 1 & 2 & 1 \\ 3 & 8 & 1 \\ 0 & 4 & 1 \end{bmatrix} = \begin{bmatrix} 1 & 2 & 1 \\ 0 & 2 & -2 \\ 0 & 4 & 1 \end{bmatrix}$$

여기서 잠시 간단한 행렬의 곱을 생각해 보자.

$$\begin{bmatrix} | & | & | \\ col_1 & col_2 & col_3 \\ | & | & | \end{bmatrix}\begin{bmatrix} 3 \\ 4 \\ 5 \end{bmatrix} = 3col_1 + 4col_2 + 5col_3$$

이고

$$\begin{bmatrix} 1 & 2 & 7 \end{bmatrix}\begin{bmatrix} - & row_1 & - \\ - & row_2 & - \\ - & row_3 & - \end{bmatrix} = 1 \cdot row_1 + 2 \cdot row_2 + 7 \cdot row_3$$

이다. 행렬 A의 첫 번째 행의 3배를 두 번째 행에서 빼서 얻을 수 있는 행은

$$(-3) \cdot \begin{bmatrix} 1 & 2 & 1 \end{bmatrix} + 1\begin{bmatrix} 3 & 8 & 1 \end{bmatrix} + 0 \cdot \begin{bmatrix} 0 & 4 & 1 \end{bmatrix} = \begin{bmatrix} 0 & -2 & -2 \end{bmatrix} \tag{1.12}$$

와 같이 계산하여 얻을 수 있다.

여기서 행렬 A와 행렬 A_1의 첫 번째 행과 세 번째은 같다. 즉 E를 A의 왼쪽에 곱하더라도 행렬의 첫 번째 행과 세 번째 행은 변함이 없으므로 (1.12)에서 보는 것 처럼 E의 첫 번째 행은 $(1,0,0)$, 세 번째 행은 $(0,0,1)$이어야 하고 A의 $(2,1)$ 성분을 0으로 만들기 위하여 A의 첫 번째 행을 3배하여 두 번째 행에서 빼 주었으므로 E의 두 번째 행은 $(-3,1,0)$이 되어야 한다.

이 행렬 E는 A의 왼쪽에 곱하여 A의 (2,1) 성분을 0으로 만드는 효과를 가져오므로 E_{21}로 표기한다. 이렇게 행렬의 왼쪽에 곱하여 소거하는 효과를 주는 행렬을 기본행렬(elementary matrix), 또는 소거행렬(elimination matrix)이라

고 한다. E_{21}는 3×3 단위행렬과 (2,1) 성분만 다른데 여기에 나오는 −3은 행연산을 할 때 승수에 − 부호를 붙인 것이다.

계속해서 $E_{21}A$의 두 번째 행의 2배를 세 번째 행에서 빼는 기본행렬은

$$E_{32} = \begin{bmatrix} 1 & 0 & 0 \\ 0 & 1 & 0 \\ 0 & -2 & 1 \end{bmatrix}$$

이고

$$E_{32}(E_{21}A) = \begin{bmatrix} 1 & 2 & 1 \\ 0 & 2 & -2 \\ 0 & 0 & 5 \end{bmatrix}$$

이다.

이 때 $U = \begin{bmatrix} 1 & 2 & 1 \\ 0 & 2 & -2 \\ 0 & 0 & 5 \end{bmatrix}$은 위삼각행렬이다. 행렬의 곱은 결합법칙(associative law)이 성립하므로

$$(E_{32}E_{21})A = U$$

이다. 한편 소거행렬의 곱인

$$E = E_{32}E_{21} = \begin{bmatrix} 1 & 0 & 0 \\ -3 & 1 & 0 \\ 6 & -2 & 1 \end{bmatrix}$$

은 아래삼각행렬이다.

이 아래삼각행렬을 행연산 과정을 통하여 얻은 승수와 어떤 관계가 있는지 관찰해 보자. −3과 −2는 위에서 설명한 것처럼 승수와 직접 관련이 있음을 보았지만 6이 어떻게 나왔는지에 대한 설명은 없었다.

여기서 얻은 E는 가역행렬이다. $E^{-1} = \begin{bmatrix} 1 & 0 & 0 \\ 3 & 1 & 0 \\ 0 & 2 & 1 \end{bmatrix}$은 여전히 아래삼각행렬인데 행연산 과정을 통하여 얻은 승수만으로 완전히 표현된다. $L = E^{-1}$라고 하면

정리 1.3.1. 정사각행렬 A를

$$A = LU, \quad L = \text{아래삼각행렬},\ U = \text{위삼각행렬}$$

로 분해할 수 있다.

1.3.4 연습 문제

문제 1.3.1. 가우스-조던 소거법을 이용하여 행렬

$$A = \begin{bmatrix} 2 & -1 & 0 \\ -1 & 2 & -1 \\ 0 & -1 & 2 \end{bmatrix}$$

의 역행렬을 구하시오.

문제 1.3.2. $A = \begin{bmatrix} 1 & -4 & -4 & 5 & 3 & -1 \\ 0 & 0 & 1 & -2 & 0 & 5 \\ 0 & 0 & 0 & 0 & 1 & -2 \\ 0 & 0 & 0 & 0 & 0 & 0 \end{bmatrix}$일 때 $A\boldsymbol{x} = \mathbf{0}$의 해를 모두 구하

시고.

문제 1.3.3. 방정식

$$\begin{aligned} x - 3y + 9z &= -3 \\ -5x + 14y - 43z &= 14 \\ -6x + 17y - 52z &= k \end{aligned}$$

의 해가 존재할 k를 구하시오.

문제 1.3.4. 방정식

$$\begin{aligned} x + y + 4z &= -1 \\ x + 2y - 5z &= 3 \\ 9x + 19y + kz &= 32 \end{aligned}$$

의 해가 존재하지 않을 k를 구하시오.

문제 1.3.5. 방정식

$$\begin{aligned} 7x - 8y &= h \\ -8x + ky &= 8 \end{aligned}$$

의 해가 존재하지 않을 h와 k를 구하시오.

문제 1.3.6. 방정식

$$\begin{aligned} -7x + y &= 9 \\ 6x - 7y &= 10 \\ -9x - 11y &= 47 \end{aligned}$$

의 해가 존재하지 않는지, 무한히 많은지, 유일한지 결정하시오.

문제 1.3.7. 방정식

$$\begin{aligned} 12x + 20y &= 16 \\ 6x + 10y &= 8 \\ -21x - 35y &= -28 \end{aligned}$$

의 해가 존재하지 않는지, 무한히 많은지, 유일한지 결정하시오.

문제 1.3.8. 방정식

$$\begin{aligned} -7x + y &= 9 \\ 6x - 7y &= 10 \\ -9x - 11y &= 49 \end{aligned}$$

의 해가 존재하지 않는지, 무한히 많은지, 유일한지 결정하시오.

1.4 $A = LU$ 분해

이 절의 하이라이트는 행렬 A를 소거행렬을 이용하여 위삼각행렬U를 얻어 $A = LU$꼴의 분해를 얻는 것이다. 여기서 L은 아래삼각행렬이다.

1.4.1 $A = LU$ 분해

$A = LU$꼴의 분해(decomposition)는 행렬의 분해 중 가장 기본적인 것이다. 이 과목은 단순히 소거만 하고 행연산만 하는 과목이 아니지만 당분간 소거나 행연산만 한다. 주어진 행렬이 알맞은 꼴이어서 행을 교환하지 않고 소거를 할 수 있다고 하자.

A에서 시작하여 U를 얻었을 때 A와 U의 관계를 맺어주는 행렬은 무엇인가?

보기 1.4.1. $A = \begin{bmatrix} 2 & 1 \\ 8 & 7 \end{bmatrix}$의 첫 번째 축은 2이고 승수는 4이므로

$$\begin{bmatrix} 1 & 0 \\ -4 & 1 \end{bmatrix} \begin{bmatrix} 2 & 1 \\ 8 & 7 \end{bmatrix} = \begin{bmatrix} 2 & 1 \\ 0 & 3 \end{bmatrix}.$$

양변에 $E_{21} = \begin{bmatrix} 1 & 0 \\ -4 & 1 \end{bmatrix}$의 역행렬인 $E_{21}^{-1} = \begin{bmatrix} 1 & 0 \\ 4 & 1 \end{bmatrix}$을 왼쪽에서 곱하면

$$\begin{bmatrix} 2 & 1 \\ 8 & 7 \end{bmatrix} = \begin{bmatrix} 1 & 0 \\ 4 & 1 \end{bmatrix} \begin{bmatrix} 2 & 1 \\ 0 & 3 \end{bmatrix}.$$

다음으로 위삼각행렬 $\begin{bmatrix} 2 & 1 \\ 0 & 3 \end{bmatrix}$을 축만이 나타나는 대각행렬 $\begin{bmatrix} 2 & 0 \\ 0 & 3 \end{bmatrix}$을

인자로 하는 분해로 나타내고 싶다.

$$\begin{bmatrix} 2 & 1 \\ 0 & 3 \end{bmatrix}\begin{bmatrix} 2 & 0 \\ 0 & 3 \end{bmatrix}\begin{bmatrix} 1 & 1/2 \\ 0 & 1 \end{bmatrix}.$$

행렬의 곱을 열벡터나 행벡터를 이용한 정의를 이용하면

$$\begin{aligned} \begin{bmatrix} 2 \\ 0 \end{bmatrix} &= 1 \cdot \begin{bmatrix} 2 \\ 0 \end{bmatrix} + 0 \cdot \begin{bmatrix} 0 \\ 3 \end{bmatrix} \\ \begin{bmatrix} 1 \\ 3 \end{bmatrix} &= 1/2 \cdot \begin{bmatrix} 2 \\ 0 \end{bmatrix} + 1 \cdot \begin{bmatrix} 0 \\ 3 \end{bmatrix} \end{aligned}$$

$$\begin{aligned} \begin{bmatrix} 2 & 1 \end{bmatrix} &= 2 \cdot \begin{bmatrix} 1 & 1/2 \end{bmatrix} + 0 \cdot \begin{bmatrix} 0 & 1 \end{bmatrix} \\ \begin{bmatrix} 0 & 3 \end{bmatrix} &= 0 \cdot \begin{bmatrix} 1 & 1/2 \end{bmatrix} + 3 \cdot \begin{bmatrix} 0 & 1 \end{bmatrix} \end{aligned}$$

결론적으로 $A = LDU$ 꼴의 분해를 얻는다. 여기서 D는 축에 의해서 주어진 대각행렬이고 U는 대각성분이 1인 위삼각행렬이다. 2×2행렬인 경우 E_{21}과 E_{21}^{-1}의 대각선 아래 성분의 부호만 바뀌었지만 3×3행렬인 경우 더 중요한 변화가 일어난다.

3×3 행렬 A에 대해서 소거행렬을 차례로 곱하면

$$(E_{32}E_{31}E_{21})A = U$$

이 되고 $E_{32}E_{31}E_{21}$의 역행렬을 양변의 왼쪽에 곱하면

$$A = (E_{21}^{-1}E_{31}^{-1}E_{32}^{-1})U = LU.$$

그러면 왜 $E = E_{32}E_{31}E_{21}$보다 오히려 $L = E_{21}^{-1}E_{31}^{-1}E_{32}^{-1}$을 택하게 된 것

일까? 행렬 $L = E_{21}^{-1}E_{31}^{-1}E_{32}^{-1}$의 대각성분 아래에는 행렬 A의 승수만 나타나게 된다는 점이다.

보기 1.4.2. $E_{32} = \begin{bmatrix} 1 & 0 & 0 \\ 0 & 1 & 0 \\ 0 & -5 & 1 \end{bmatrix}, E_{21} = \begin{bmatrix} 1 & 0 & 0 \\ -2 & 1 & 0 \\ 0 & 0 & 1 \end{bmatrix}$인 경우

$$E = E_{32}E_{21} = \begin{bmatrix} 1 & 0 & 0 \\ -2 & 1 & 0 \\ 10 & -5 & 1 \end{bmatrix}$$

에는 두 소거행렬이 복합적으로 영향을 미쳐 10이 나왔는데 이 행렬의 역행렬은

$$L = E_{21}^{-1}E_{32}^{-1} = \begin{bmatrix} 1 & 0 & 0 \\ 2 & 1 & 0 \\ 0 & 5 & 1 \end{bmatrix}$$

로 행렬 A의 승수만 나타난다.

1.4.2 소거 비용

이제 $A = LU$분해를 얻기 위하여 몇 번의 행연산을 하여야 하는지 생각해보자. 행연산의 횟수가 많을수록 컴퓨터를 사용하는 비용을 더 많이 지불해야 한다. 연립방정식의 계수행렬이 커질수록 더 정확한 정보를 얻을 수 있게 되지만 더 많은 비용을 지불해야 한다. 연립방정식의 해를 얻기 위하여 얼마나 많은 연산을 하여야 하는지 생각해보자.

계수행렬이 $n \times n$이라고 할 때 행연산의 횟수가 n, n^2, n^3에 비례한다고 하면 n이 두 배가 되면 행연산의 횟수는 2배, 4배, 8배로 늘어나게 된다.

100×100행렬의 첫 번째 행의 축 아래의 성분을 0으로 만들려면 첫 번째 승수를 첫 번째 행에 곱하여 두 번째 행에서 뺀다. 이렇게 하기 위해서는 곱셈과 뺄셈을 각각 100번씩 연산을 총 200번 해야 하는데 곱셈과 뺄셈이 항상 쌍으로 이루어지므로 곱셈과 뺄셈을 하나로 묶어 연산이 100번 이루어 진 것으로 세기로 하자. 각 행에 같은 횟수의 연산이 반복되어야 하므로 단계로 넘어가기 위해서는 약 100^2번의 연산이 필요하다.

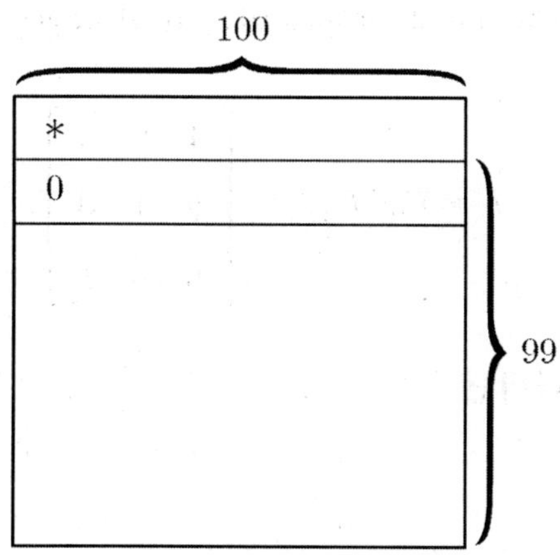

그림 1.4: 100^2번의 연산

이제 두 번째 단계로 99×99행렬에 같은 결과를 적용하므로 세 번째 단계로 넘어가기 위해서는 약 99^2회의 연산이 필요하다.

이 과정을 반복하여 위삼각행렬로 만들기 위해서는 총

$$100^2 + 99^2 + \cdots + 1^2$$

회의 연산이 필요하다. 곱셈과 뺄셈을 따로 세면 이것의 두 배가 필요하다.

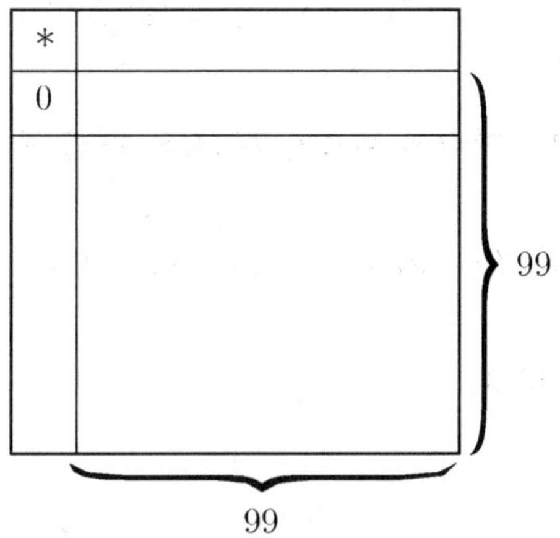

그림 1.5: 99^2회의 연산

일반적으로 $n\times n$행렬에 대해서는

$$n^2 + (n-1)^2 + \cdots + 1^2 = \frac{n(n+1)(2n+1)}{6}$$

회의 연산이 필요하다. 이 값은 최고차항만 고려하면 n이 큰 수일 경우 n^3에 비해 n^2이나 n은 무시할 만한 크기이므로 약 $n^3/3$이다.

여기서 1/3은 미적분학의 다음 계산과 관련이 있다.

$$\int_0^n x^2\,dx = n^3/3$$

지금까지는 연립일차방정식 $Ax = b$의 A에 대한 행연산을 할 때의 비용에 대해서 알아보았다. 방정식의 우변 b에 대해서는

$$(n-1) + (n-2) + \cdots + 1 = \frac{n(n-1)}{2}$$

회의 연산이 필요하고 마지막으로 후진대입법을 할 때

$$1+2+\cdots+n=\frac{n(n+1)}{2}$$

회의 연산이 필요하다. 따라서 비동차방정식의 해를 구하기 위해서는

$$\{(n-1)+(n-2)+\cdots+1\}+\{1+2+\cdots+n\}=n^2$$

회의 연산이 더 필요하다.

1.4.3 치환행렬

축의 위치에 0이 나오는 경우 행을 바꾸어 0이 아닌 값이 오도록 하기 위하여 행을 바꾸는 행연산을 하여 행렬의 행들을 치환해야 할 때도 있는데 행렬의 왼쪽에 곱하여 이런 효과를 주는 행렬을 치환행렬(permutation matrix)이라고 한다. 2×2 행렬인 경우

$$\begin{bmatrix}0 & 1\\ 1 & 0\end{bmatrix}\begin{bmatrix}a & b\\ c & d\end{bmatrix}=\begin{bmatrix}c & d\\ a & b\end{bmatrix} \tag{1.13}$$

에서 보는 것처럼 행렬 $\begin{bmatrix}0 & 1\\ 1 & 0\end{bmatrix}$을 왼쪽에서 곱하면 두 행을 치환하게 된다. 이 행렬은 항등행렬의 두 행을 치환한 행렬인데 이런 행렬을 치환행렬이라고 한다.

이 치환행렬을 오른쪽에서 곱하면 행렬의 열들을 치환하게 된다. 즉,

$$\begin{bmatrix}a & b\\ c & d\end{bmatrix}\begin{bmatrix}0 & 1\\ 1 & 0\end{bmatrix}=\begin{bmatrix}b & a\\ d & c\end{bmatrix} \tag{1.14}$$

이다. (1.13)과 (1.14)에서 보는 것처럼 일반적으로 행렬의 곱은 교환가능하지 않다.

이제 3×3 행렬에 대한 치환행렬을 생각해보자.

(1) 우선 치환행렬에 아무 행도 바꾸지 않는 항등행렬

$$I = \begin{bmatrix} 1 & 0 & 0 \\ 0 & 1 & 0 \\ 0 & 0 & 1 \end{bmatrix}$$

도 포함시킨다.

(2) 행렬

$$\begin{bmatrix} 1 & 0 & 0 \\ 0 & 0 & 1 \\ 0 & 1 & 0 \end{bmatrix}, \begin{bmatrix} 0 & 0 & 1 \\ 0 & 1 & 0 \\ 1 & 0 & 0 \end{bmatrix}, \begin{bmatrix} 0 & 1 & 0 \\ 1 & 0 & 0 \\ 0 & 0 & 1 \end{bmatrix}$$

는 두 개의 행을 교환한다. 이 행렬을 호환행렬(transposition matrix)이라고 한다.

(3) 행렬

$$\begin{bmatrix} 0 & 0 & 1 \\ 1 & 0 & 0 \\ 0 & 1 & 0 \end{bmatrix}, \begin{bmatrix} 0 & 1 & 0 \\ 0 & 0 & 1 \\ 1 & 0 & 0 \end{bmatrix}$$

는 세 개의 행을 모두 바꾼다. 이것을 순환치환(cycle)이라고 한다.

이상 모두 6개의 치환행렬이 존재한다.

이 6개의 행렬은 다음과 같은 특징이 있다.

(a) 이 행렬 두 개를 곱하면 다시 이 6개 중 하나이다. 행을 교환하고 또 한번 더 교환하면 결과적으로 행을 교환한 것이므로 이 사실은 당연하다. 두 행렬을 직접 곱해서 확인해 볼 수 있다.

(b) 이 행렬들과 항등행렬의 곱은 행렬 자신이다. 예를 들어

$$\begin{bmatrix} 1 & 0 & 0 \\ 0 & 1 & 0 \\ 0 & 0 & 1 \end{bmatrix}\begin{bmatrix} 0 & 1 & 0 \\ 1 & 0 & 0 \\ 0 & 0 & 1 \end{bmatrix} = \begin{bmatrix} 0 & 1 & 0 \\ 1 & 0 & 0 \\ 0 & 0 & 1 \end{bmatrix}\begin{bmatrix} 1 & 0 & 0 \\ 0 & 1 & 0 \\ 0 & 0 & 1 \end{bmatrix} = \begin{bmatrix} 0 & 1 & 0 \\ 1 & 0 & 0 \\ 0 & 0 & 1 \end{bmatrix}$$

이다.

(c) 이 행렬들의 역행렬도 이 6개 중 하나이다. $\begin{bmatrix} 0 & 1 & 0 \\ 1 & 0 & 0 \\ 0 & 0 & 1 \end{bmatrix}$은 첫 번째와 두 번째 행을 교환하는 역할을 하므로 이 행렬의 역행렬은 자기 자신 $\begin{bmatrix} 0 & 1 & 0 \\ 1 & 0 & 0 \\ 0 & 0 & 1 \end{bmatrix}$이다. 첫 번째와 두 번째 행을 교환하고 한번 더 같은 교환을 반복하면 아무 행도 바꾸지 않은 것이 된다. 세 개의 행을 모두 바꾸는 행렬 $\begin{bmatrix} 0 & 0 & 1 \\ 1 & 0 & 0 \\ 0 & 1 & 0 \end{bmatrix}$의 역행렬은 $\begin{bmatrix} 0 & 1 & 0 \\ 0 & 0 & 1 \\ 1 & 0 & 0 \end{bmatrix}$이다.

여섯 개의 치환행렬로 이루어진 집합에 정의된 연산인 행렬의 곱은(a)–(c)을 만족하는데 이런 것을 군(group)이라고 한다.

치환행렬 P는 행렬의 행의 순서를 바꾸는 역할을 한다. 축이 올 위치에 0이 있으면 아래에 있는 행과 교환하여 축이 0이 아니도록 할 수 있다. 정사각행렬 A를 $A = LU$로 분해한 식은 행의 순서를 바꾸는 것까지 고려하면 정리 1.3.1를 다음과 같이 다시 쓸 수 있다.

정리 1.4.1. 정사각행렬 A를

$$PA = LU, \qquad P = \text{치환행렬},\ L = \text{아래삼각행렬},\ U = \text{위삼각행렬}$$

로 분해할 수 있다.

매트랩은 소거하는 과정에서 축이 0이 아닌 것을 확인할 뿐 아니라 축이 충분히 큰 값인지도 확인한다. 0에 가까운 축은 수치계산에 문제를 일으키기 때문에 매트랩은 우리가 직접 계산할 때는 필요하지 않은 행을 바꾸는 연산을 고려한다.

치환행렬 P는 단위행렬의 행을 치환하여 얻은 행렬이다. 아무 행도 바꾸지 않는 단위행렬도 치환행렬이라고 한다. $n \times n$ 행렬의 치환행렬의 개수는 n개의 행의 순서를 바꾸는 순열의 개수와 같으므로 $n!$이다. $n = 4$인 경우 $4! = 24$개, $n = 5$인 경우 $5! = 120$개의 치환행렬이 존재한다. 여기서 보는 것처럼 행렬의 크기가 커지면 치환행렬의 개수는 급격히 커진다.

치환행렬의 정의에 의하여 다음 정리를 얻을 수 있다.

정리 1.4.2. 치환행렬 P는 가역행렬이고 P의 역행렬은 $P^{-1} = P^T$이다. 즉,

$$PP^T = I \tag{1.15}$$

이다.

§3.4에서 (1.15)를 만족하는 행렬에 대해서 집중적으로 공부한다.

1.4.4 연습 문제

문제 1.4.1. 행렬 $A = \begin{bmatrix} 2 & 6 & 2 \\ -3 & -8 & 0 \\ 4 & 9 & 2 \end{bmatrix}$를 $A = LU$로 나타내시오.

문제 1.4.2. $A = \begin{bmatrix} 0 & 0 & 6 \\ 1 & 2 & 3 \\ 0 & 4 & 5 \end{bmatrix}$의 왼쪽에서 곱해서 위삼각행렬이 되는 치환행렬 P를 구하시오.

문제 1.4.3. 행렬

$$A = \begin{bmatrix} 1 & 0 & 1 \\ 2 & 2 & 2 \\ 3 & 4 & 5 \end{bmatrix}$$

를 $A = LU$로 분해하시오.

문제 1.4.4. 행렬

$$A = \begin{bmatrix} 1 & 1 & 0 \\ 4 & 6 & 1 \\ -2 & 2 & 0 \end{bmatrix}$$

를 $A = LU$ 로 분해하시오.

문제 1.4.5. $A = \begin{bmatrix} 2 & -4 & -2 & 2 \\ -6 & 10 & 3 & -9 \\ 4 & -12 & -12 & 0 \\ 0 & -2 & -11 & 1 \end{bmatrix}$이고 $\boldsymbol{b} = \begin{bmatrix} 0 \\ 1 \\ -4 \\ -19 \end{bmatrix}$일 때

(1) A의 $A = LU$ 분해를 구하시오.

(2) $A = LU$ 분해를 이용하여 방정식 $A\boldsymbol{x} = \boldsymbol{b}$의 해를 구하시오.

문제 1.4.6. 행렬 $A = \begin{bmatrix} 2 & 1 \\ 10 & 1 \end{bmatrix}$의 $A = LU$ 분해를 구하시오.

문제 1.4.7. 행렬 $A = \begin{bmatrix} 3 & 5 & -5 \\ -3 & -4 & 7 \end{bmatrix}$의 $A = LU$ 분해를 구하시오.

제 2 장

벡터공간

2.1 벡터공간

이 절에서는 벡터공간과 부분공간에 대해서 자세히 다룬다. 이 책에서 벡터공간이라 함은 더 고급 선형대수학에서 다루는 추상적인 벡터공간을 이야기하지 않고 유클리드 평면 $\mathbb{R}^2$이나 유클리드 공간 $\mathbb{R}^3$ 또는 좀더 일반적인 $\mathbb{R}^n$을 이야기한다. 그리고 특별히 두 개의 부분공간에 대해서 관심을 갖는데 하나는 행렬의 열들을 포함하는 열공간이고 다른 하나는 동차방정식의 해집합인 영공간이다.

2.1.1 벡터공간과 부분공간

벡터공간은 벡터가 여러 개 모인 집합이다. 두 개의 벡터를 더할 수 있어야 하고 더한 결과가 이 집합에 속해야 한다. 또 벡터를 상수로 곱할 수 있어야 하고 상수로 곱한 결과가 이 집합에 속해야 한다. 이 두 연산을 한꺼번에 사용하면 벡터들의 일차결합이 가능하고 이 일차결합이 다시 이 집합에 속한다는 말이다. 논리적으로 벡터들의 공간(space of vectors)을 정의하기 위해서는 벡터를 더하고 상수로 벡터를 곱하는 두 연산이 일정수준의 규칙을 만족해야 한다. 벡터공간의 엄밀한 정의는 다음과 같다.

정의 2.1.1. 집합 V에 덧셈(addition) $+$과 상수곱(scalar multiplication) $\cdot$이 정

의되고 다음 조건을 만족할 때 $(V, +, \cdot)$를 벡터공간(vector space)이라고 한다.

(VS1) $\boldsymbol{u} + \boldsymbol{v} = \boldsymbol{v} + \boldsymbol{u}$

(VS2) $(\boldsymbol{u} + \boldsymbol{v}) + \boldsymbol{w} = \boldsymbol{u} + (\boldsymbol{v} + \boldsymbol{w})$

(VS3) 모든 $\boldsymbol{u}$에 대해서 $\boldsymbol{u} + \boldsymbol{O} = \boldsymbol{u}$인 $\emptyset \in V$가 존재한다.

(VS4) 모든 $\boldsymbol{u}$에 대해서 $\boldsymbol{u} + \boldsymbol{v} = \emptyset$인 $\boldsymbol{v}$가 존재한다.

(VS5) $1 \cdot \boldsymbol{u} = \boldsymbol{u}$

(VS6) $c_2 \cdot (c_1 \cdot \boldsymbol{u}) = (c_2 \cdot c_1) \cdot \boldsymbol{u}$

(VS7) $c \cdot (\boldsymbol{u} + \boldsymbol{v}) = c \cdot \boldsymbol{u} + c \cdot \boldsymbol{v}$

(VS8) $(c_1 + c_2) \cdot \boldsymbol{u} = c_1 \cdot \boldsymbol{u} + c_2 \cdot \boldsymbol{u}$

여기서 $\boldsymbol{u}, \boldsymbol{v}, \boldsymbol{w} \in V$이고 $c, c_1, c_2 \in \mathbb{R}$이다. 벡터공간의 원소를 벡터(vector)라고 한다.

논점을 명확하게 하기 위하여 벡터공간인 예와 아닌 예를 들어보자.

보기 2.1.1. 2차원 벡터들의 집합은 벡터공간이다. $\begin{bmatrix} 3 \\ 2 \end{bmatrix}, \begin{bmatrix} 0 \\ 0 \end{bmatrix}, \begin{bmatrix} \pi \\ e \end{bmatrix}$ 등이 2 차원 벡터인데 이 집합을 $\mathbb{R}^2$로 나타내고 보통 xy 평면이라고 한다.

여기서 중요한 점은 $\mathbb{R}^2$에서 한 벡터라도 제거하면 벡터공간이 될 수 없다는 점이다.

$\begin{bmatrix} 0 \\ 0 \end{bmatrix}$은 매우 특별한 벡터이다. 이 벡터는 벡터공간에 항상 있어야 한다. 그 이유는 우선 상수곱이 가능하므로 특별히 상수가 0이라면

$$0 \cdot \begin{bmatrix} 3 \\ 2 \end{bmatrix} = \begin{bmatrix} 0 \\ 0 \end{bmatrix}$$

도 벡터공간의 원소이기 때문이다. 또 다른 이유로

$$\begin{bmatrix} 3 \\ 2 \end{bmatrix} + \begin{bmatrix} -3 \\ -2 \end{bmatrix} = \begin{bmatrix} 0 \\ 0 \end{bmatrix}$$

을 들 수 있다. 따라서 모든 벡터공간은 원점을 포함하고 있다.

$\mathbb{R}^2$는 쉽게 그림을 그릴 수 있고 $\begin{bmatrix} 3 \\ 2 \\ 0 \end{bmatrix}$과 같이 성분이 3개인 벡터의 집합인 $\mathbb{R}^3$도 마찬가지다.

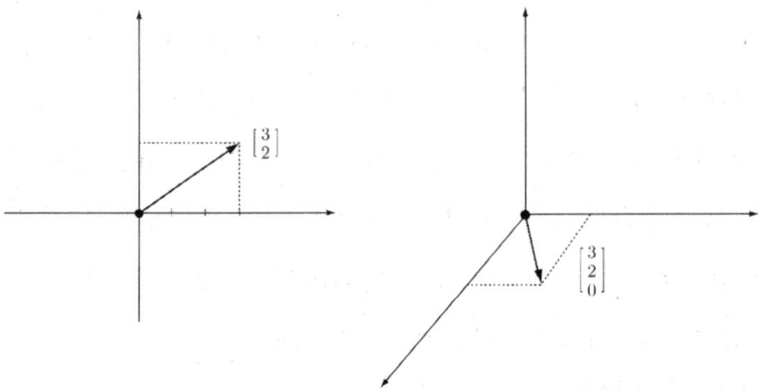

그림 2.1: 평면과 공간의 벡터

보기 2.1.2. 3차원 공간 전체 $\mathbb{R}^3$는 벡터공간이다. 우리는 (VS1)–(VS8)를 만족하는 추상적인 벡터공간을 다루지는 않는다. 다만 유클리드 공간 $\mathbb{R}^3$에 덧셈(+)과 상수곱(·)

$$\begin{bmatrix} u_1 \\ u_2 \\ u_3 \end{bmatrix} + \begin{bmatrix} v_1 \\ v_2 \\ v_3 \end{bmatrix} = \begin{bmatrix} u_1 + v_1 \\ u_2 + v_2 \\ u_3 + v_3 \end{bmatrix}, \quad c \cdot \begin{bmatrix} u_1 \\ u_2 \\ u_3 \end{bmatrix} = \begin{bmatrix} cu_1 \\ cu_2 \\ cu_3 \end{bmatrix}$$

이 잘 정의되고 이 연산들이 (VS1)–(VS8)를 만족하기 때문에 벡터공간이라는 사실이 중요하다. 더 일반적으로 모든 n에 대해서 $\mathbb{R}^n$이 벡터공간이다.

보기 2.1.3 (벡터공간이 아닌 예).

$$S = \left\{ \begin{bmatrix} x \\ y \end{bmatrix} \in \mathbb{R}^2 \middle| x \geq 0, y \geq 0 \right\}$$

S의 원소의 상수배는 상수가 음수인 경우 S에 속하지 않으므로 S는 벡터공간이 아니다.

다음으로 $\mathbb{R}^3$의 부분집합으로 스스로 벡터공간이 되는 부분공간에 관심이 있다. 부분공간은 벡터공간 안에 있는 벡터공간이다. 엄밀하게 이야기하기 위해서 $(V, +, \cdot)$를 벡터공간이고 W를 V의 부분집합이라고 하자. $\boldsymbol{w}_1, \boldsymbol{w}_2 \in W$이면 $\boldsymbol{w}_1, \boldsymbol{w}_2$를 V의 원소로 보았을 때 $\boldsymbol{w}_1 + \boldsymbol{w}_2 \in V$가 잘 정의되지만 일반적으로 $\boldsymbol{w}_1 + \boldsymbol{w}_2 \in W$인 것은 아니다. 또, $\boldsymbol{w} \in W, c \in \mathbb{R}$ 일 때 $c \cdot \boldsymbol{w} \in V$가 잘 정의되지만 마찬가지로 $c \cdot \boldsymbol{w} \in W$일 필요는 없다. 벡터공간 V의 부분집합 W에 위와 같이 정의한 내려받은 덧셈과 상수곱이 있는데 W가 두 연산에 대하여 닫혀있고 이 두 연산이 벡터공간이 만족해야할 조건 (VS1)–(VS8)을 만족할 때 W를 V의 부분공간(subspace)이라고 한다. 부분집합이 두 연산에 대하여 닫혀있는 경우 두 연산이 조건 (VS1)–(VS8)을 만족하는 것은 거의 자명하므로 다음과 같은 보조정리를 얻을 수 있다.

보조정리 2.1.1. 벡터공간 V의 부분집합 W가 덧셈과 상수곱에 대하여 닫혀있으면 W는 벡터공간이다.

보기 2.1.4. $\mathbb{R}^2$의 직선 위의 벡터는 성분이 2개이므로 성분이 1개인 벡터의 집합인 $\mathbb{R}$과는 구별되어야 한다. $Z = \left\{ \begin{bmatrix} 0 \\ 0 \end{bmatrix} \right\}$이 덧셈과 상수곱에 대해서 닫혀있음은 자명하다. 벡터공간 $\mathbb{R}^2$의 부분공간은 다음 세 가지이다.

$$Z = \left\{ \begin{bmatrix} 0 \\ 0 \end{bmatrix} \right\}, \text{원점을 지나는 직선 } l, \mathbb{R}^2\text{전체}$$

보기 2.1.5. $\mathbb{R}^3$의 원점을 지나는 평면은 부분공간이다.

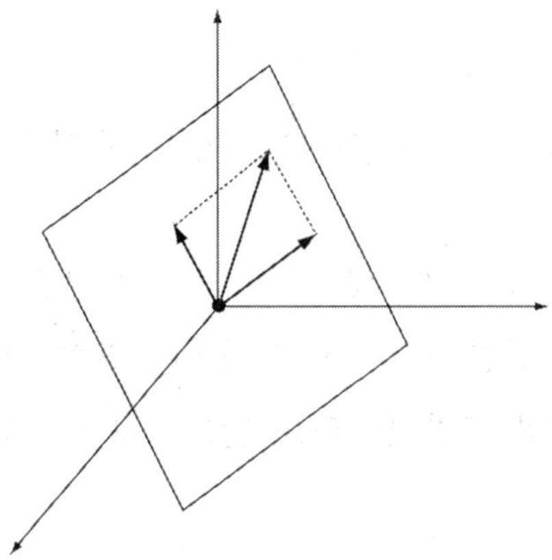

그림 2.2: 원점을 지나는 평면

그림 2.2에서 보는 것처럼 평면의 두 벡터의 합과 벡터의 상수곱이 평면에 속한다. $\mathbb{R}^3$의 원점을 지나는 직선도 부분공간이다.

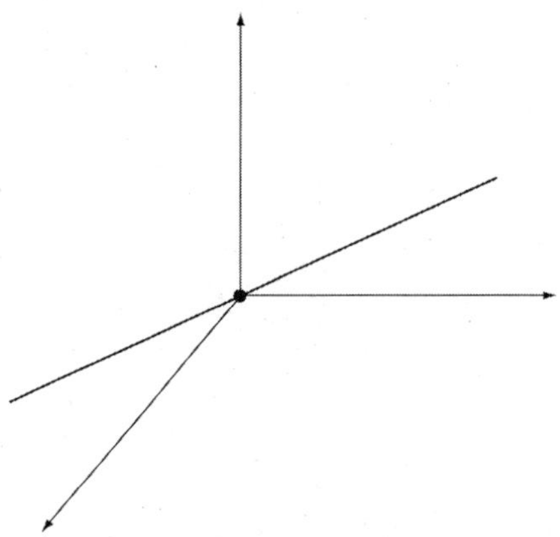

그림 2.3: 원점을 지나는 직선

보기 2.1.6. 이제 행렬로부터 부분공간을 만들어 보자. 행렬 $A = \begin{bmatrix} 1 & 3 \\ 2 & 3 \\ 4 & 1 \end{bmatrix}$의 열벡터 $\begin{bmatrix} 1 \\ 2 \\ 4 \end{bmatrix}, \begin{bmatrix} 3 \\ 3 \\ 1 \end{bmatrix}$은 $\mathbb{R}^3$의 벡터이다. 이 두 벡터를 포함하는 $\mathbb{R}^3$의 부분집합이 벡터공간이 되려면 이 두 벡터의 모든 일차결합을 포함해야 한다.

일반적으로 주어진 행렬 A의 열벡터의 일차결합으로 이루어진 집합을 $C(A)$라고 표기하고 행렬 A의 열공간이라고 한다. 행렬 A의 열공간 $C(A)$는 적당한 $\mathbb{R}^n$의 부분공간이다.

몇 개의 벡터로는 벡터공간을 만들 수 없다. 벡터공간이 되기 위해서는 모든 일차결합이 포함되어야 한다.

> $\mathbb{R}^3$의 부분공간인 평면을 P, 직선을 l로 표기하자. 그러면 $P \cup l$은 $\mathbb{R}^3$의 부분공간인가?

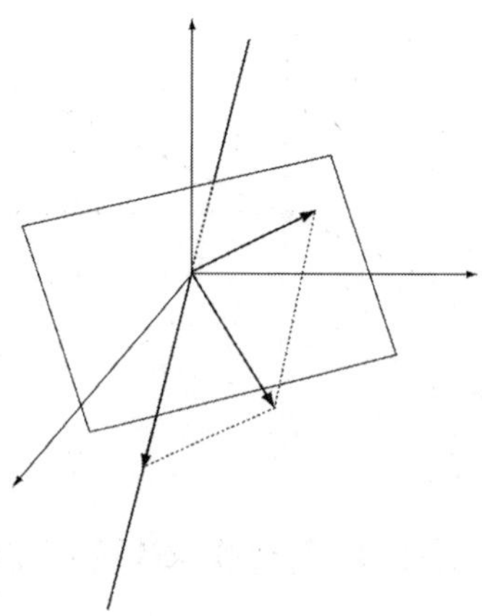

그림 2.4: 평면 위의 벡터와 직선 위의 벡터의 합

그림 2.4에서 보는 것처럼 평면 위의 벡터와 직선 위의 벡터의 합은 평면에

도 직선에도 속하지 않는다. 따라서 $P \cup l$은 $\mathbb{R}^3$의 부분공간이 아니다. 반면에 $P \cap l$은 $\mathbb{R}^3$의 부분공간이다. $P \cap l$은 $\{0\}$이거나 l인 경우밖에 없다.

이 사실을 좀 더 일반화하여 다음과 같은 정리를 얻을 수 있다.

정리 2.1.2. S와 T가 벡터공간의 부분공간일 때 $S \cap T$도 부분공간이다.

증명 $c \in \mathbb{R}t\boldsymbol{v}, \boldsymbol{w} \in S \cap T$라고 하자. $\boldsymbol{v}, \boldsymbol{w} \in S$이고 S가 부분공간이므로 $\boldsymbol{v} + \boldsymbol{w} \in S$이고 $c\boldsymbol{v} \in S$이다. 또 $\boldsymbol{v}, \boldsymbol{w} \in T$이고 T가 부분공간이므로 $\boldsymbol{v} + \boldsymbol{w} \in T$이고 $c\boldsymbol{v} \in T$이다. 따라서 $\boldsymbol{v} + \boldsymbol{w} \in S \cap T$이고 $c\boldsymbol{v} \in S \cap T$이다. $S \cap T$는 덧셈과 상수곱에 대해 닫혀있으므로 보조정리 2.1.1에 의해 부분공간이다. □

2.1.2 열공간

행렬 A의 열들을 모두 포함하는 집합이 벡터공간이 되기 위해서는 열의 모든 일차결합을 포함해야 한다. 행렬 A의 모든 일차결합으로 이루어진 공간을 A의 열공간(column space)이라고 하고 $C(A)$로 표기한다. 즉, A가 $m \times n$ 행렬이라고 하면 행렬 A의 열벡터

$$col_1(A),\ col_2(A), \cdots col_n(A)$$

들은 $\mathbb{R}^m$의 벡터이고

$$C(A) = \{\ x_1 col_1(A) +\ x_2 col_2(A) + \cdots x_n col_n(A)\ \mid\ x_1, x_2, \cdots, x_n \in \mathbb{R}\}$$

이다.

정리 2.1.3. A가 $m \times n$ 행렬일 때 A의 열공간 $C(A)$는 $\mathbb{R}^m$의 부분공간이다.

증명 A가 $m \times n$ 행렬이면 행렬 A의 열벡터들은 $\mathbb{R}^m$의 벡터이다.

열공간의 정의에 의하여 행렬 A의 열벡터의 일차결합이 덧셈과 상수곱에 대해서 닫혀있으므로 보조정리 2.1.1에 의해 $\mathbb{R}^m$의 부분공간이다. □

$A = \begin{bmatrix} 1 & 1 & 2 \\ 2 & 1 & 3 \\ 3 & 1 & 4 \\ 4 & 1 & 5 \end{bmatrix}$ 일 때 A의 열들은 $\mathbb{R}^4$의 벡터인데 이 열벡터들에 대하여 다음과 같은 문제를 생각해 보자.

$C(A)$가 4차원 공간 $\mathbb{R}^4$를 다 채울 수 있는가?

이 문제는 다음 문제와 동치이다.

모든 $b \in \mathbb{R}^4$에 대해서 $\boldsymbol{Ax} = \boldsymbol{b}$가 해를 갖는가?

A의 열벡터들의 일차결합이 $\mathbb{R}^4$를 다 채울 수 없기 때문에 미지수가 3개인 방정식이 4개인 $\boldsymbol{Ax} = \boldsymbol{b}$의 해는 거의 대부분의 $\boldsymbol{b}$에 대해서 존재하지 않는다. 미지수의 개수에 비해 제약조건인 방정식이 너무 많기 때문이다. 물론 어떤 경우에는 해가 존재한다.

어떤 $\boldsymbol{b} \in \mathbb{R}^4$에 대해서 $\boldsymbol{Ax} = \boldsymbol{b}$가 해를 갖는가?

이 문제에 대한 답을 생각해 보자.

(1) $\boldsymbol{b} = \begin{bmatrix} 0 \\ 0 \\ 0 \\ 0 \end{bmatrix}$인 경우 $\boldsymbol{x} = \begin{bmatrix} 0 \\ 0 \\ 0 \end{bmatrix}$이 해가 된다. $\boldsymbol{b} = \mathbf{0}$인 경우 $\boldsymbol{x} = \mathbf{0}$는 항상 $A\boldsymbol{x} = \mathbf{0}$의 해가 되는데 이 해를 자명해(trivial solution)라고 한다.

(2) $\boldsymbol{b} = \begin{bmatrix} 1 \\ 2 \\ 3 \\ 4 \end{bmatrix}$인 경우 $\boldsymbol{b}$는 A의 열벡터이다. $A\boldsymbol{x} = xcol_1 + ycol_2 + zcol_3$ 이므로

$\boldsymbol{x} = \begin{bmatrix} 1 \\ 0 \\ 0 \end{bmatrix}$이 해가 됨을 쉽게 알 수 있다.

(3) $\boldsymbol{b} = \begin{bmatrix} 1 \\ 1 \\ 1 \\ 1 \end{bmatrix}$인 경우 마찬가지로 $\boldsymbol{x} = \begin{bmatrix} 0 \\ 1 \\ 0 \end{bmatrix}$이 해가 됨을 쉽게 알 수 있다.

앞의 문제에 대한 일반적인 답을 하기 위해서 $A\boldsymbol{x} = \boldsymbol{b}$의 해가 존재할 때 $\boldsymbol{b}$가 어떤 형태인지 알아보자. $A\boldsymbol{x} = \boldsymbol{b}$를 다시 쓰면

$$\begin{bmatrix} 1 & 1 & 2 \\ 2 & 1 & 3 \\ 3 & 1 & 4 \\ 4 & 1 & 5 \end{bmatrix} \begin{bmatrix} x \\ y \\ z \end{bmatrix} = \begin{bmatrix} b_1 \\ b_2 \\ b_3 \\ b_4 \end{bmatrix}$$

이다. 즉,

$$x\begin{bmatrix}1\\2\\3\\4\end{bmatrix}+y\begin{bmatrix}1\\1\\1\\1\end{bmatrix}+z\begin{bmatrix}2\\3\\4\\5\end{bmatrix}=\begin{bmatrix}b_1\\b_2\\b_3\\b_4\end{bmatrix}$$

이다. 따라서 $A\boldsymbol{x}=\boldsymbol{b}$의 해가 존재하면 $\boldsymbol{b}$는 A의 행벡터의 일차결합으로 표시할 수 있다. 즉, $\boldsymbol{b}\in C(A)$이다. 이 과정을 거슬러 올라가면 $\boldsymbol{b}\in C(A)$일 때 $A\boldsymbol{x}=\boldsymbol{b}$의 해가 존재함을 보일 수 있다. $\boldsymbol{b}\notin C(A)$이면 $A\boldsymbol{x}=\boldsymbol{b}$의 해는 존재하지 않는다. 결론적으로 $C(A)$를 잘 이해를 하면 $A\boldsymbol{x}=\boldsymbol{b}$의 해의 존재여부를 결정할 수 있다.

여기서 세 개의 벡터

$$\begin{bmatrix}1\\2\\3\\4\end{bmatrix},\begin{bmatrix}1\\1\\1\\1\end{bmatrix},\begin{bmatrix}2\\3\\4\\5\end{bmatrix}$$

는 일차종속이고 $C(A)$는 3차원 부분공간이 되지 못하고 $\mathbb{R}^4$의 2차원 부분공간이 된다. 위 세 개의 벡터 대신 두 개의 벡터

$$\begin{bmatrix}1\\2\\3\\4\end{bmatrix},\begin{bmatrix}1\\1\\1\\1\end{bmatrix}$$

의 일차결합도 $C(A)$이다. 세 번째 벡터는 $C(A)$를 결정하는데 필요하지 않다.

이 두 개 대신

$$\begin{bmatrix} 1 \\ 1 \\ 1 \\ 1 \end{bmatrix}, \begin{bmatrix} 2 \\ 3 \\ 4 \\ 5 \end{bmatrix}$$

의 일차결합도 $C(A)$가 된다.

일반적으로 §2.2에서 정의하는 것처럼 축열은 열들이 일차독립이면 앞에 있는 것으로 선택한다. 여기서 세 번째 열벡터는 첫 두 열벡터가 만드는 평면 위에 있음에 유의하라.

2.1.3 영공간

$A\boldsymbol{x} = \boldsymbol{b}$의 영공간은 행렬 A의 열공간으로 넘어가자.

보기 2.1.7.

$$A = \begin{bmatrix} 1 & 1 & 2 \\ 2 & 1 & 3 \\ 3 & 1 & 4 \\ 4 & 1 & 5 \end{bmatrix}$$

에는 3개의 열벡터가 있다. 이 열벡터들은 $\mathbb{R}^4$의 벡터이므로 A의 열공간 $C(A)$는 $\mathbb{R}^4$의 부분공간이다. 일반적으로 행렬 A의 열공간 $C(A)$는 A의 열벡터를 포함하는 최소의 부분공간으로 두 일차결합의 합도 일차결합이고 일차결합의 상수배도 일차결합이다.

이제 다음과 같은 문제를 생각해 볼 수 있다.

열공간 $C(A)$가 얼마나 큰가?

$C(A)$가 $\mathbb{R}^4$ 전체일 수도 있고 아니면 $\mathbb{R}^4$의 진부분집합으로 부분공간이 된다. 3개의 벡터의 일차결합으로는 $\mathbb{R}^4$ 전체를 채울 수 없다. 그러면 얼마나 작을까? 이 문제에 대한 답도 §2.4에 가서야 할 수 있다.

이제 행공간 $C(A)$와 방정식 $A\boldsymbol{x} = \boldsymbol{b}$와 관련지어 보자. 우선 $\boldsymbol{b} = \boldsymbol{0}$인 $A\boldsymbol{x} = \boldsymbol{0}$의 해를 생각해보자. 이 방정식의 해집합을 영공간(null space)이라고 하고 $N(A)$로 표기한다. 이런 꼴의 방정식을 동차방정식(homogeneous equation)이라고 하는데

$\boldsymbol{x} = \boldsymbol{0}$은 항상 이 방정식의 해가 된다. 이 해를 동차방정식의 자명해(trivial solution)라고 한다.

정리 2.1.4. A가 $m \times n$ 행렬일 때 $A\boldsymbol{x} = \boldsymbol{0}$의 해집합인 영공간(null space $N(A)$는 $\mathbb{R}^n$의 부분공간이다.

증명 A가 $m \times n$ 행렬이면 $A\boldsymbol{x} = \boldsymbol{0}$의 해 $\boldsymbol{x}$는 $\mathbb{R}^n$의 벡터이다.

$\boldsymbol{x}_1$과 $\boldsymbol{x}_2$가 $A\boldsymbol{x} = \boldsymbol{0}$의 해이면 $A\boldsymbol{x}_1 = \boldsymbol{0}$이고 $A\boldsymbol{x}_2 = \boldsymbol{0}$이어서

$$A(\boldsymbol{x}_1 + \boldsymbol{x}_2) = A\boldsymbol{x}_1 + A\boldsymbol{x}_2 = \boldsymbol{0}$$

이다. 또 $\boldsymbol{x}$가 $A\boldsymbol{x} = \boldsymbol{0}$의 해이고 $c \in \mathbb{R}$이면 $A(c\boldsymbol{x}) = \boldsymbol{0}$이다.

따라서 영공간 $N(A)$는 덧셈과 상수곱에 대해서 닫혀있으므로 보조정리 2.1.1에 의해 $\mathbb{R}^n$의 부분공간이다. □

따라서 $N(A)$를 영'공간'이라고 부르는 것이 정당하다.

보기 2.1.8. 보기 2.1.7를 계속하여

$$A = \begin{bmatrix} 1 & 1 & 2 \\ 2 & 1 & 3 \\ 3 & 1 & 4 \\ 4 & 1 & 5 \end{bmatrix}$$

이면 $A\boldsymbol{x} = \mathbf{0}$의 해집합인 A의 영공간 $N(A)$는 $\mathbb{R}^3$의 부분공간이다.

> 이 예를 일반화하여 A를 $m \times n$행렬이라고 하자. 방정식 $A\boldsymbol{x} = \mathbf{0}$는 미지수의 개수가 n이고 방정식의 개수는 m이다. 또 $N(A)$는 $\mathbb{R}^n$의 부분공간이고 $C(A)$는 $\mathbb{R}^m$의 부분공간이다.

앞으로 소거법을 이용하여 $N(A)$와 $C(A)$를 구하는 방법을 공부할 것이다.

보기 2.1.9. 다시 보기 2.1.8로 돌아가 방정식의 해를 모두 구해보자.

(1) 자동적으로 $\boldsymbol{x} = \mathbf{0}$이 이 방정식의 해가 된다. A에 관계없이 항상 영벡터 $\mathbf{0}$는 $A\boldsymbol{x} = \mathbf{0}$의 해가 된다.

(2) 자명해가 아닌 해를 구하지 위해서 첫 두 벡터의 합이 세 번째 벡터이므로 $x = \begin{bmatrix} 1 \\ 1 \\ -1 \end{bmatrix}$이 이 방정식의 해가 됨을 알 수 있다.

(3) 이 해의 상수배인 $c \begin{bmatrix} 1 \\ 1 \\ -1 \end{bmatrix}$도 이 방정식의 해가 되고 특별히 $c = 0$인 경우 $0 \begin{bmatrix} 1 \\ 1 \\ -1 \end{bmatrix} = \begin{bmatrix} 0 \\ 0 \\ 0 \end{bmatrix}$가 자명해이다.

이 해집합은 3차원 공간 $\mathbb{R}^3$의 원점을 지나는 직선이다. 즉, 1차원 부분공간을 이룬다.

이제 $\boldsymbol{b} \neq \mathbf{0}$인 비동차방정식으로 돌아가 보자. 비동차방정식은 우변 $\boldsymbol{b}$가 특별한 경우에만 해가 존재한다.

보기 2.1.10. 보기 2.1.8로 돌아가

$$\begin{bmatrix} 1 & 1 & 2 \\ 2 & 1 & 3 \\ 3 & 1 & 4 \\ 4 & 1 & 5 \end{bmatrix} \begin{bmatrix} x \\ y \\ z \end{bmatrix} = \begin{bmatrix} 1 \\ 2 \\ 3 \\ 4 \end{bmatrix}$$

를 생각해 보자.

(1) $\begin{bmatrix} 0 \\ 0 \\ 0 \end{bmatrix}$은 이 방정식의 해가 아니기 때문에 이 방정식의 해집합은 $\mathbb{R}^3$의 부분공간이 될 수 없다.

(2) 이 방정식을 잘 관찰하면 가우스-조던 소거법을 사용하지 않고도 $\begin{bmatrix} 1 \\ 0 \\ 0 \end{bmatrix}$이 해가 됨을 알 수 있다.

(3) 또 $\begin{bmatrix} 0 \\ -1 \\ 1 \end{bmatrix}$도 해가 된다.

해가 많이 있지만 해집합이 벡터공간이 될 수는 없다. 해집합은 원점을 지나지 않는 평면이거나 직선이거나 한 점이다. 여기서는 해집합이 두 점 $\begin{bmatrix} 1 \\ 0 \\ 0 \end{bmatrix}$과

$\begin{bmatrix} 0 \\ -1 \\ 1 \end{bmatrix}$을 지나는 직선이다.

2.1.4 연습 문제

문제 2.1.1. $n > m$인 $m \times n$ 행렬 A가 주어졌을 때 $N(A) \neq \{\mathbf{0}\}$임을 보이시오.

문제 2.1.2. 닫힌 구간 $[a, b]$에서 연속인 함수의 집합 $\mathcal{C}[a, b]$에 덧셈과 상수곱을 정의하고 이 연산에 대하여 벡터공간이 됨을 보이시오.

문제 2.1.3. 행렬 A의

$$A = \begin{bmatrix} 1 & 1 & 1 \\ 1 & 2 & 3 \\ 1 & 3 & 6 \end{bmatrix}$$

영공간 $N(A)$와 열공간 $C(A)$를 구하시오.

문제 2.1.4. 3×3 꼬임대칭행렬($A = -A^T$)의 집합이 부분공간임을 보이시오.

문제 2.1.5. 계수가 1인 $m \times n$ 행렬의 집합이 부분공간인지 아닌지 그 이유를 설명하시오.

문제 2.1.6. 다음 $\mathbb{R}^3$의 부분집합이 부분공간인지 아닌지 보이시오.

(1) $b_1 + b_2 + b_3 = 0$을 만족하는 $\begin{bmatrix} b_1 \\ b_2 \\ b_3 \end{bmatrix}$

(2) $b_1 \le b_2 \le b_3$를 만족하는 $\begin{bmatrix} b_1 \\ b_2 \\ b_3 \end{bmatrix}$

문제 2.1.7. 다음 $\mathbb{R}^3$의 부분집합이 부분공간인지 아닌지 보이시오.

(1) $b_1 = b_2$를 만족하는 $\begin{bmatrix} b_1 \\ b_2 \\ b_3 \end{bmatrix}$

(2) $b_1 = 1$인 $\begin{bmatrix} b_1 \\ b_2 \\ b_3 \end{bmatrix}$

문제 2.1.8. $A = \begin{bmatrix} 5 & -15 \\ -5 & 15 \end{bmatrix}$이고 $\boldsymbol{w} = \begin{bmatrix} 3 \\ 1 \end{bmatrix}$일 때, 다음이 참인지 거짓인지 판정하시오.

(1) $\boldsymbol{w} \in C(A)$

(2) $\boldsymbol{w} \in N(A)$

문제 2.1.9. $a - 2b = 4c$와 $2a = c + 3d$를 만족하는 벡터 $\begin{bmatrix} a \\ b \\ c \\ d \end{bmatrix}$들로 이루어진 집합이 벡터공간인지 아닌지 밝히시오.

문제 2.1.10. a와 b를 벡터 $\begin{bmatrix} a - 2b \\ 5ab + b \\ a + 3b \\ b \end{bmatrix}$들로 이루어진 집합이 벡터공간인지 아닌지 밝히시오.

문제 2.1.11. 다음 $\mathbb{R}^3$의 부분집합이 부분공간인지 아닌지 보이시오.

(1) $\left\{ \begin{bmatrix} x \\ y \\ z \end{bmatrix} \middle| \; x, y, z > 0 \right\}$

(2) $\left\{ \begin{bmatrix} x \\ y \\ z \end{bmatrix} \middle| \; x + y + z = -3 \right\}$

(3) $\left\{ \begin{bmatrix} x \\ x-8 \\ x-2 \end{bmatrix} \middle| \; x \in \mathbb{R} \right\}$

(4) $\left\{ \begin{bmatrix} x \\ y \\ z \end{bmatrix} \middle| \; 8x + 2y = 0, -5x + 3z = 0 \right\}$

(5) $\left\{ \begin{bmatrix} x \\ y \\ z \end{bmatrix} \middle| \; x + y + z = 0 \right\}$

(6) $\left\{ \begin{bmatrix} 3x \\ 6y \\ 9z \end{bmatrix} \middle| \; x \in \mathbb{R} \right\}$

2.2 동차방정식

§2.1에서 벡터공간인 영공간, 열공간을 정의하였는데 이 절에서는 이 공간들이 구체적으로 무엇인지 구할 수 있는 알고리듬(algorithm)을 구해본다.

2.2.1 동차방정식

동차방정식 $A\boldsymbol{x} = \mathbf{0}$의 해공간, 즉 A의 영공간 $N(A)$를 체계적으로 구할 수 있는 방법을 살펴보자.

보기 2.2.1.

$$A = \begin{bmatrix} \boxed{1} & 2 & 2 & 2 \\ 2 & 4 & 6 & 8 \\ 3 & 6 & 8 & 10 \end{bmatrix}$$

라고 하자. 이 행렬의 두 번째 열은 첫 번째 열의 2배이다. 따라서 열벡터들은 일차종속이다. 또 첫 번째 행과 두 번째 행을 더하면 세 번째 행이 되므로 행벡터들도 일차종속이다. 이 행렬에 소거법을 적용하더라도 영공간은 변하지 않는다. 해공간도 변하지 않는다. 그렇지만 열공간은 변한다.

첫 번째 행은 1이 축인 행이다. 승수 2와 3을 이용하여 두 번째, 세 번째 행을 소거하면

$$A \rightarrow \begin{bmatrix} \boxed{1} & 2 & 2 & 2 \\ 0 & 0 & \boxed{2} & 4 \\ 0 & 0 & 2 & 4 \end{bmatrix}$$

이 된다.

다음 두 번째 열에서 축의 자리에 0이 있으므로 아래 행에 0이 아닌 성분이 있는지 확인한다. 만약 그렇다면 두 행을 교환하여 축을 선택한다. 이 경우는 성분이 0이므로 이 열은 이 열보다 앞에 있는 열들의 일차결합으로 표시할 수 있다.

이제 다음 열로 넘어가 세 번째 열의 2가 두 번째 축이 된다. 승수 1을 이용

하여 세번째 행을 소거하면

$$A \to \begin{bmatrix} \boxed{1} & 2 & 2 & 2 \\ 0 & 0 & \boxed{2} & 4 \\ 0 & 0 & 2 & 4 \end{bmatrix} \to \begin{bmatrix} \boxed{1} & 2 & 2 & 2 \\ 0 & 0 & \boxed{2} & 4 \\ 0 & 0 & 0 & 0 \end{bmatrix} = U$$

이다. 이 경우 축이 2개 뿐이다.

이 행렬 U는 정사각행렬이 아니기 때문에 위삼각행렬이라고는 할 수 없는데 이런 꼴의 행렬을 위사다리꼴행렬(upper echelon matrix)이라고 한다. 축의 개수를 행렬 A의 계수(rank)라고 하고 Rank A로 표기한다.

2.2.2 축변수와 자유변수

이제 $A\boldsymbol{x} = \mathbf{0}$의 해를 전부를 어떻게 나타낼 수 있는지 생각해 보자. 미지수가 4개이고 방정식이 3개이므로 해가 존재하리라 짐작할 수 있다. 이 방정식은 $U\boldsymbol{x} = \mathbf{0}$, 즉

$$\begin{bmatrix} 1 & 2 & 2 & 2 \\ 0 & 0 & 2 & 4 \\ 0 & 0 & 0 & 0 \end{bmatrix} \begin{bmatrix} x \\ y \\ z \\ w \end{bmatrix} = \begin{bmatrix} 0 \\ 0 \\ 0 \end{bmatrix}$$

과 동치이다. 즉,

$$\begin{aligned} x + 2y + 2z + 2w &= 0 \\ 2z + 4w &= 0 \end{aligned}$$

과 동치이다. 여기서 w와 y를 자유롭게 잡을 수 있고 z과 x은 이들 값에 따라 방정식에 의해 결정된다.

행렬에서 축을 포함하는 열을 축열(pivot column)이라고 하고 그렇지 않은 열을 자유열(free column)이라고 한다. 축열에 해당하는 변수를 축변수(pivot variable)라고 하고 자유열에 해당하는 변수를 자유변수(free variable)라고 한다. 여기서는 x와 z가 축변수이고 y와 w가 자유변수이다.

$y = 1, w = 0$이라고 하면 후진대입법에 의해 $x = -2, z = 0$이다. 즉, $\begin{bmatrix} -2 \\ 1 \\ 0 \\ 0 \end{bmatrix}$이 $A\boldsymbol{x} = \mathbf{0}$의 해가 되고 A의 영공간 $N(A)$에 속한다. 두 번째 열이 첫 번째 열의 2배이므로

$$\begin{bmatrix} 1 & 2 & 2 & 2 \\ 0 & 0 & 2 & 4 \\ 0 & 0 & 0 & 0 \end{bmatrix} \begin{bmatrix} -2 \\ 1 \\ 0 \\ 0 \end{bmatrix} = (-2) \cdot col_1 + 1 \cdot col_2 + 0 \cdot col_3 + 0 \cdot col_4 = \begin{bmatrix} 0 \\ 0 \\ 0 \end{bmatrix}$$

이고 이 해의 상수배도 같은 방정식의 해가 된다. 즉, 영공간은 $\begin{bmatrix} -2 \\ 1 \\ 0 \\ 0 \end{bmatrix}$을 지나는 직선을 포함한다.

그러면 영공간은 이 직선 뿐인가?

y와 w가 자유변수이므로 이제 $w = 1, y = 0$으로 놓으면 후진대입법에 의해 $z = -2, x = 2$가 된다. $\begin{bmatrix} 2 \\ 0 \\ -2 \\ 1 \end{bmatrix}$는 $\begin{bmatrix} -2 \\ 1 \\ 0 \\ 0 \end{bmatrix}$의 상수배가 될 수 없으므로 또 다른

해가 된다.

$$\begin{bmatrix} 1 & 2 & 2 & 2 \\ 0 & 0 & 2 & 4 \\ 0 & 0 & 0 & 0 \end{bmatrix} \begin{bmatrix} 2 \\ 0 \\ -2 \\ 1 \end{bmatrix} = 2 \cdot col_1 + 0 \cdot col_2 - 2 \cdot col_3 + 1 \cdot col_4 = \begin{bmatrix} 0 \\ 0 \\ 0 \end{bmatrix}$$

이 해의 상수배도 방정식의 해가 된다. 더 일반적으로 이 두 해의 일차결합

$$c \begin{bmatrix} -2 \\ 1 \\ 0 \\ 0 \end{bmatrix} + d \begin{bmatrix} 2 \\ 0 \\ -2 \\ 1 \end{bmatrix}, \quad c, d \in \mathbb{R}$$

이 영공간이 된다.

지금까지의 과정을 정리하면 다음과 같다.

소거 → 축변수, 자유변수 → 자유변수 하나만=1, 나머지=0

이 알고리듬에 따르면 자유변수의 개수만큼의 일차독립인 해가 존재한다. 즉, 자유변수 중 하나만 1이고 나머지는 0으로 잡은 해가 자유변수의 개수만큼 존재하는데 이런 해를 특별한 해(special solution)라고 부르자. 나머지 축변수 값은 후진대입법으로 구할 수 있다. 전체 변수의 개수는 미지수의 개수와 같다. 변수는 축변수인 것과 자유변수인 것으로 나뉘는데 축변수의 개수를 행렬의 계수라고 정의하였으므로

$$\text{자유변수의 개수} = \text{미지수의 개수} - \text{행렬의 계수}$$

이다. 일반적으로

A가 $m \times n$행렬이고 $\text{Rank}\, A = r$이라고 하면

$$\text{자유변수의 개수} = n - r$$

이다.

보기 2.2.2 (보기 2.2.1의 계속). 이 행렬 A의 계수 Rank(A)는 $r = 2$이고 $n - r = 2$개의 자유변수가 있다. 행렬의 계수는 '독립'인 방정식의 개수를 나타낸다고 할 수 있는데 3개의 방정식이 있었지만 실제로는 2개의 방정식이 있는 것과 마찬가지다.

지금까지는 아래로만 소거를 하여 축 아래의 성분이 0이 되도록 하였는데, 이제 위로 소거를 하여 축 위의 성분도 0이 되도록 할 수 있다. 또 방정식을 0이 아닌 값으로 곱하거나 나누어도 해가 같다. 축은 0이 아니므로 축을 포함하는 행을 축으로 나누어 축이 1이 되도록 할 수 있다. 이렇게 얻어진 행렬을 기약행사다리꼴(reduced row echelon form)이라고 하고 보통 R로 나타낸다. 매트랩은 `rref(A)` 명령으로 기약행사다리꼴을 계산해 낸다.

보기 2.2.3 (보기 2.2.1의 계속). 행렬 U의 두 번째 행을 2로 나누고 그 2배를 첫 번째 행에서 빼면

$$U = \begin{bmatrix} \boxed{1} & 2 & 2 & 2 \\ 0 & 0 & \boxed{2} & 4 \\ 0 & 0 & 0 & 0 \end{bmatrix} \to \begin{bmatrix} 1 & 2 & 2 & 2 \\ 0 & 0 & 1 & 2 \\ 0 & 0 & 0 & 0 \end{bmatrix} \to \begin{bmatrix} 1 & 2 & 0 & -2 \\ 0 & 0 & 1 & 2 \\ 0 & 0 & 0 & 0 \end{bmatrix} = R$$

이다. 따라서 방정식은

$$\begin{array}{rcrcrcrcl} x & + & 2y & & & - & 2w & = & 0 \\ & & & & z & + & 2w & = & 0 \end{array}$$

이다.

이제 변수의 순서를 바꾸어 축변수가 앞으로 오도록 축변수와 과 자유변수를 각각 따로 모으면

$$\begin{array}{rcrcrcrcl} x & & & + & 2y & - & 2w & = & 0 \\ & & z & & & + & 2w & = & 0 \end{array}$$

이다. $I = \begin{bmatrix} 1 & 0 \\ 0 & 1 \end{bmatrix}$, $F = \begin{bmatrix} 2 & -2 \\ 0 & 2 \end{bmatrix}$로 놓으면 $R = \left[\begin{array}{c|c} I & F \\ \hline 0 & 0 \end{array}\right]$이다.

지금까지의 결과를 일반적으로 다음과 같이 나타낼 수 있다.

$$Ax = 0 \Longleftrightarrow Ux = 0 \Longleftrightarrow Rx = 0 \Longleftrightarrow \left[\begin{array}{c|c} I & F \end{array}\right] \begin{bmatrix} x_{\text{pivot}} \\ x_{\text{free}} \end{bmatrix} = 0$$

여기서 마지막 식은

$$x_{\text{pivot}} = -F\,x_{\text{free}}$$

로 후진대입법을 설명하고 있다. 행이 특별한 해로 이루어진 영공간 행렬을

$$N = \left[\begin{array}{c} -F \\ \hline I \end{array}\right]$$

로 정의하면 $RN = 0$이다. 여기서 I는 $(n-r)\times(n-r)$ 단위행렬이다.

보기 2.2.4. $A = \begin{bmatrix} 1 & 2 & 3 \\ 2 & 4 & 6 \\ 2 & 6 & 8 \\ 2 & 8 & 10 \end{bmatrix}$인 경우 축열은 몇 개인가?

$$A \to \begin{bmatrix} \boxed{1} & 2 & 3 \\ 0 & 0 & 0 \\ 0 & 2 & 2 \\ 0 & 4 & 4 \end{bmatrix} \to \begin{bmatrix} \boxed{1} & 2 & 3 \\ 0 & \boxed{2} & 2 \\ 0 & 0 & 0 \\ 0 & 4 & 4 \end{bmatrix} \to \begin{bmatrix} \boxed{1} & 2 & 3 \\ 0 & \boxed{2} & 2 \\ 0 & 0 & 0 \\ 0 & 0 & 0 \end{bmatrix}$$

$$\to \begin{bmatrix} \boxed{1} & 0 & 1 \\ 0 & \boxed{2} & 2 \\ 0 & 0 & 0 \\ 0 & 0 & 0 \end{bmatrix} \to \left[\begin{array}{cc|c} 1 & 0 & 1 \\ 0 & 1 & 1 \\ \hline 0 & 0 & 0 \\ 0 & 0 & 0 \end{array}\right]$$

(1) 여기서 축열이 2개이므로 $r = \text{Rank}(A) = 2$이다.

(2) 방정식 $A\boldsymbol{x} = \mathbf{0}$의 영공간 $N(A)$을 구해보자. 미지수의 개수 $n = 3$이고 계수가 $r = 2$이므로 자유열의 개수는 $3 - 2 = 1$이다. $z = 1$이라고 하면 $y = -1, x = -1$이므로 $\begin{bmatrix} -1 \\ -1 \\ 1 \end{bmatrix}$이 $A\boldsymbol{x} = \mathbf{0}$의 해이고 영공간 $N(A)$는

$$N(A) = \left\{ c \begin{bmatrix} -1 \\ -1 \\ 1 \end{bmatrix} \middle| c \in \mathbb{R} \right\}$$

이다.

(3) $z = 0$인 경우는 자명해이다.

(4) $F = \begin{bmatrix} 1 \\ 1 \end{bmatrix}$이고 영공간 행렬은 $N = \begin{bmatrix} -1 \\ -1 \\ 1 \end{bmatrix}$이다.

2.2.3 연습 문제

문제 2.2.1. (1) 행렬 $U = \begin{bmatrix} 1 & 5 & 7 \\ 0 & 0 & 9 \end{bmatrix}$의 기약행사다리꼴을 구하시오.

(2) 위 행렬 U의 영공간을 구하시오.

문제 2.2.2. $\begin{bmatrix} 2 & -4 & 0 \\ 8 & -2 & -14 \\ 3 & -9 & k \end{bmatrix}$의 계수가 2일 k를 구하시오.

문제 2.2.3. 다음 행렬들의 계수를 구하시오.

(1) $\begin{bmatrix} 1 & 4 \\ 8 & -5 \end{bmatrix}$

(2) $\begin{bmatrix} 4 & 0 & 0 & 0 \\ 0 & 0 & 0 & -6 \\ 0 & 1 & 0 & 0 \\ 0 & 0 & 3 & 0 \end{bmatrix}$

(3) $\begin{bmatrix} 2 & 5 & -4 \\ -2 & 8 & 0 \\ 2 & 0 & 0 \end{bmatrix}$

문제 2.2.4. 다음 행렬들의 축의 개수를 구하시오.

(1) $\begin{bmatrix} 0 & 1 & 0 & -8 \\ 0 & 0 & 1 & 9 \end{bmatrix}$

(2) $\begin{bmatrix} 1 & 0 & 0 & 0 & 7 \\ 0 & 1 & 0 & 0 & 7 \\ 0 & 0 & 1 & 0 & 5 \\ 0 & 0 & 0 & 1 & -7 \end{bmatrix}$

(3) $\begin{bmatrix} 1 & 0 & 0 & 3 \\ 0 & 1 & 0 & 4 \\ 0 & 0 & 1 & 6 \end{bmatrix}$

(4) $\begin{bmatrix} 1 & 0 & -5 \\ 0 & 1 & 3 \\ 0 & 0 & 0 \end{bmatrix}$

2.3 비동차방정식

이 절에서는 비동차방정식 $A\boldsymbol{x} = \boldsymbol{b}$의 완비해를 구하는 방법을 공부한다. 비동차방정식은 해가 존재하지 않는 경우도 있는데 소거법을 이용하여 언제 이렇게 되는지 판별할 수 있다. 해가 존재하는 경우 모든 해를 구하는 방법을 공부한다.

2.3.1 비동차방정식

보기 2.2.1의 예를 계속하여

$$\begin{array}{rcrcrcrcl} x & + & 2y & + & 2z & + & 2w & = & b_1 \\ 2x & + & 4y & + & 6z & + & 8w & = & b_2 \\ 3x & + & 6y & + & 8z & + & 10w & = & b_3 \end{array}$$

을 생각하자. 붙임행렬 $\left[\begin{array}{c|c} A & b \end{array}\right]$에 행연산을 하면

$$A = \left[\begin{array}{cccc|c} 1 & 2 & 2 & 2 & b_1 \\ 2 & 4 & 6 & 8 & b_2 \\ 3 & 6 & 8 & 10 & b_3 \end{array}\right] \to \left[\begin{array}{cccc|r} 1 & 2 & 2 & 2 & b_1 \\ 0 & 0 & 2 & 4 & b_2 - 2b_1 \\ 0 & 0 & 2 & 4 & b_3 - 3b_1 \end{array}\right]$$
$$\to \left[\begin{array}{cccc|r} 1 & 2 & 2 & 2 & b_1 \\ 0 & 0 & 2 & 4 & b_2 - 2b_1 \\ 0 & 0 & 0 & 0 & b_3 - b_1 - b_2 \end{array}\right] = U$$

이다. 마지막 행으로부터

$$b_3 - b_1 - b_2 = 0$$

이 방정식이 해를 가질 필요충분조건임을 알 수 있다. 예를 들어 $b_1 = 1, b_2 = 5, b_3 = 17$이면 해가 존재하지 않는다.

보기 2.3.1. $b = \begin{bmatrix} 1 \\ 5 \\ 6 \end{bmatrix}$일 때,

$$U = \left[\begin{array}{cccc|c} 1 & 2 & 2 & 2 & 1 \\ 0 & 0 & 2 & 4 & 3 \\ 0 & 0 & 0 & 0 & 0 \end{array}\right]$$

이 되고 주어진 방정식은 아래 방정식과 동치이다.

$$\begin{array}{rcrcrcrcl} y & + & 2y & + & 2z & + & 2w & = & 1 \\ & & & & 2z & + & 4w & = & 3 \end{array}$$

일단 이 방정식의 해를 하나 구해보자. 이 해를 비동차방정식의 특별해(particular solution)라고 한다. x, z이 축변수이고 y, w가 자유변수이다. 자유변수는 아무 값이라도 되므로 0이라고 하고 축변수 값을 구하면

$$x = -2, y = 0, z = 3/2, w = 0$$

이다. 즉, $\boldsymbol{x}_p = \begin{bmatrix} -2 \\ 0 \\ 3/2 \\ 0 \end{bmatrix}$가 특별해가 된다.

2.3.2 해의 존재성

§2.3.1에서는 $A\boldsymbol{x} = \boldsymbol{b}$의 해가 존재할 때 해를 구하는 방법을 알아 보았다. 이제 다음과 같은 질문을 할 수 있다.

> 어떤 $\boldsymbol{b}$에 대해서 방정식 $A\boldsymbol{x} = \boldsymbol{b}$의 해가 존재할까?

만약 $A\boldsymbol{x} = \boldsymbol{b}$의 해가 존재한다면

$$\boldsymbol{b} = A\boldsymbol{x} = x_1 col_1(A) + x_2 col_2(A) + \cdots + x_n col_n(A)$$

을 만족하는 $x_1, x_2, \ldots, x_n \in \mathbb{R}$이 존재한다. 따라서 $\boldsymbol{b}$가 A의 열들의 일차결합으로 표시될 때 $A\boldsymbol{x} = \boldsymbol{b}$의 해가 존재한다. 즉, $\boldsymbol{b} \in C(A)$일 때 $A\boldsymbol{x} = \boldsymbol{b}$의 해가 존재한다.

또 위의 예에서 보는 것처럼 몇 번의 행 연산에 의해 A의 행이 0인 행으로 축약되면 같은 행 연산에 의해 $\boldsymbol{b}$의 성분도 0으로 축약 되어야 한다.

2.3.3 완비해

다시 보기 2.2.1의 예로 돌아가 보자.

보기 2.3.2. $A\boldsymbol{x} = \boldsymbol{b}$의 완비해(complete solution)를 구하기 위해서 $A\boldsymbol{x} = \boldsymbol{b}$의 특별해(particular solution) $\boldsymbol{x}_p$를 하나 구하였다.

$\boldsymbol{x}_n \in N(A)$라고 하면 $A\boldsymbol{x}_n = 0$이다. 자유변수가 2개 있었기 때문에 특별한

해가 2개 존재하였고

$$\boldsymbol{x}_n = c_1 \begin{bmatrix} -2 \\ 1 \\ 0 \\ 0 \end{bmatrix} + c_2 \begin{bmatrix} 2 \\ 0 \\ -2 \\ 1 \end{bmatrix}$$

이 $A\boldsymbol{x} = \boldsymbol{0}$의 일반해였다. 그러면

$$A(\boldsymbol{x}_p + \boldsymbol{x}_n) = A\boldsymbol{x}_p + A\boldsymbol{x}_n = \boldsymbol{b} + \boldsymbol{0} = \boldsymbol{b}$$

이므로 $\boldsymbol{x} = \boldsymbol{x}_p + \boldsymbol{x}_n$이 $A\boldsymbol{x} = \boldsymbol{b}$의 완비해가 된다. 따라서

$$\boldsymbol{x}_c = \boldsymbol{x}_p + \boldsymbol{x}_n = \begin{bmatrix} -2 \\ 0 \\ 3/2 \\ 0 \end{bmatrix} + c_1 \begin{bmatrix} -2 \\ 1 \\ 0 \\ 0 \end{bmatrix} + c_2 \begin{bmatrix} 2 \\ 0 \\ -2 \\ 1 \end{bmatrix}$$

이 주어진 방정식의 완비해가 된다.

이 해집합을 $\mathbb{R}^4$에서 표현을 해 보면 동차방정식의 $A\boldsymbol{x} = \boldsymbol{0}$의 해공간(또는 A의 영공간 $N(A)$)을 특별해 $\boldsymbol{x}_p$만큼 평행이동한 평면이 된다. 일반적으로 $A\boldsymbol{x} = \boldsymbol{b}$ 해집합이 $\mathbb{R}^4$의 부분공간이 아니기 때문에 2차원이라고 할 수는 없지만 '2개의 매개변수 c_1, c_2을 이용하여 표현 가능하다'라고 할 수 있다.

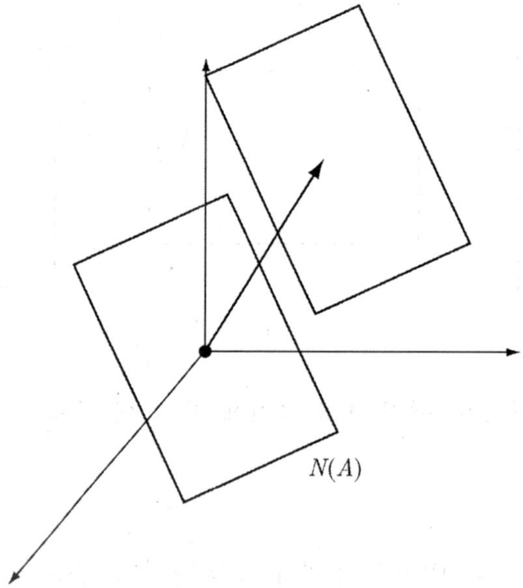

그림 2.5: 해공간의 평행이동

2.3.4 해의 개수

위 예를 일반화하여 $m\times n$ 행렬 A의 계수가 r인 경우를 생각하자. 이때

$$\begin{aligned} m &= \text{행의 개수} = \text{방정식의 개수}, \\ n &= \text{열의 개수} = \text{미지수의 개수}, \\ r &= \text{축의 개수} \end{aligned}$$

이다. 행렬의 각 행에는 축이 하나이거나 없거나 둘 중 하나이다. 따라서 축의 개수인 계수 $r \leq m$이다. 마찬가지로 각 열에 대해서 생각해보면 $r \leq n$. 우리는 행렬의 계수가 가능한 최대인 경우에 관심이 있다. 이 경우는 A의 크기에 따라 그림 2.6에서와 같이 세 가지 경우로 나뉜다.

(1) $m > n$인 경우: A의 계수는 최대 n이 된다. 이때

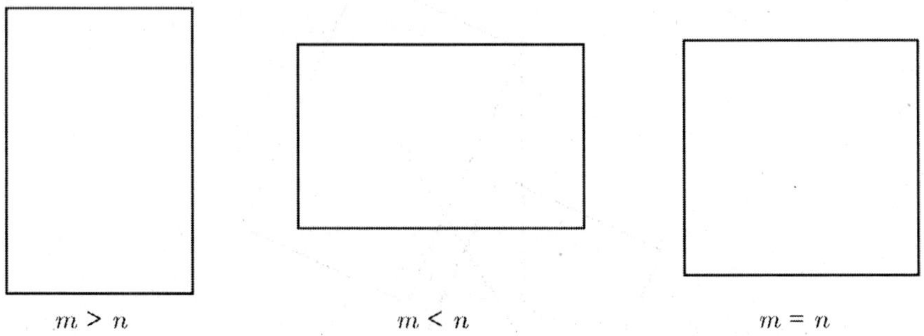

그림 2.6: 행렬 A의 크기에 따른 세 가지 경우

$$r = n = \text{미지수의 개수} < \text{방정식의 개수} = m$$

이고 다음과 같은 결론을 얻을 수 있다.

(a) 모든 행에 축이 있다.

(b) n개의 축변수가 있고 자유변수는 없다.

(c) $N(A) = \{\mathbf{0}\}$이다.

(d) 방정식 $A\boldsymbol{x} = \boldsymbol{b}$의 해가 존재하면 유일하다.

(e) $A \to \begin{bmatrix} 1 & & \\ & \ddots & \\ & & 1 \\ & 0 & \end{bmatrix}$이다. 이 경우는 열벡터들이 일차독립인 경우이다.

보기 2.3.3.

$$A = \begin{bmatrix} 1 & 3 \\ 2 & 1 \\ 6 & 1 \\ 5 & 1 \end{bmatrix} \to \begin{bmatrix} 1 & 0 \\ 0 & 1 \\ 0 & 0 \\ 0 & 0 \end{bmatrix} = R$$

$A\boldsymbol{x} = \boldsymbol{b}$의 해가 존재하는 $\boldsymbol{b}$를 찾아보자. 우선 $\boldsymbol{b} = \begin{bmatrix} 0 \\ 0 \\ 0 \\ 0 \end{bmatrix}$인 경우다. 다음으로 $\boldsymbol{b} = \begin{bmatrix} 4 \\ 3 \\ 7 \\ 6 \end{bmatrix}$인 경우, $\boldsymbol{b}$는 A의 행벡터의 합이므로 $\boldsymbol{x} = \begin{bmatrix} 1 \\ 1 \end{bmatrix}$이 $A\boldsymbol{x} = \boldsymbol{b}$의 유일한 해가 된다.

(2) $m < n$인 경우: A의 계수는 최대 m이 된다. 이때

$$r = m = \text{방정식의 개수} < \text{미지수의 개수} = n$$

이고 다음과 같은 결론을 얻을 수 있다.

(a) 모든 행에 축이 있다.

(b) m개의 축변수가 있고 나머지 $n - m$개의 변수는 자유변수이다.

(c) 축약행사다리꼴에 영인 행이 없으므로 모든 $\boldsymbol{b}$에 대해서 $A\boldsymbol{x} = \boldsymbol{b}$의 해가 존재한다.

(d) $n-r$개의 $A\boldsymbol{x} = \boldsymbol{0}$의 특별한 해가 존재하므로 $A\boldsymbol{x} = \boldsymbol{b}$의 해는 $n-r$개의 매개변수로 나타낼 수 있다.

(e) $A \to \left[\begin{array}{ccc|c} 1 & & & \\ & \ddots & & ** \\ & & 1 & \end{array}\right]$이다. 이 경우 행벡터들이 일차독립이다.

보기 2.3.4.

$$A = \left[\begin{array}{cc|cc} 1 & 2 & 6 & 5 \\ 3 & 1 & 1 & 1 \end{array}\right] \to \left[\begin{array}{cc|cc} 1 & 0 & -4/5 & -3/5 \\ 0 & 1 & 17/5 & 14/5 \end{array}\right].$$

(3) $m = n$인 경우: A의 계수는 최대 $m = n$이 된다. 이때

$$r = m = \text{방정식의 개수} = \text{미지수의 개수} = n$$

이고 다음과 같은 결론을 얻을 수 있다.

(a) 행렬 A의 축약행사다리꼴은 단위행렬 I이고 영공간은 $N(A) = \{\boldsymbol{0}\}$이다.

(b) 계수 $r = m$이므로 (1)에 의해 모든 $\boldsymbol{b}$에 대해서 $A\boldsymbol{x} = \boldsymbol{b}$의 해가 존재한다.

(c) 다른 한편 $r = n$이므로 (2)에 의해 $A\boldsymbol{x} = \boldsymbol{b}$의 해가 유일하다.

(d) $A \to \begin{bmatrix} 1 & & \\ & \ddots & \\ & & 1 \end{bmatrix} = R$이다.

보기 2.3.5.

$$A = \begin{bmatrix} 1 & 2 \\ 3 & 4 \end{bmatrix} \to R = \begin{bmatrix} 1 & 0 \\ 0 & 1 \end{bmatrix}$$

2.3.5 연습 문제

문제 2.3.1.

$$A = \begin{bmatrix} 1 & 3 & -2 & 0 & 2 & 0 \\ 2 & 6 & -5 & -2 & 4 & -3 \\ 0 & 0 & 5 & 10 & 0 & 15 \\ 2 & 6 & 0 & 8 & 4 & 18 \end{bmatrix}, \quad \boldsymbol{b} = \begin{bmatrix} 0 \\ -1 \\ 5 \\ 6 \end{bmatrix}$$

일 때 비동차 연립일차방정식 $A\boldsymbol{x} = \boldsymbol{b}$의 일반해를 구하시오.

문제 2.3.2. 3×2 행렬 A가 주어졌을 때 '모든 $\boldsymbol{b} \in \mathbb{R}^3$에 대해서 $A\boldsymbol{x} = \boldsymbol{b}$의 해가 존재한다'가 거짓인 이유를 설명하시오.

문제 2.3.3. 연립일차방정식

$$\begin{bmatrix} 1 & 2 & 1 & 0 \\ 2 & 4 & 4 & 8 \\ 4 & 8 & 6 & 8 \end{bmatrix} \begin{bmatrix} x_1 \\ x_2 \\ x_3 \\ x_4 \end{bmatrix} = \begin{bmatrix} 4 \\ 2 \\ 10 \end{bmatrix}$$

의 일반해를 구하시오.

문제 2.3.4. 행렬 A가 주어졌을 때 두 개의 비동차방정식 $A\boldsymbol{x} = \boldsymbol{b}$와 $A\boldsymbol{x} = \boldsymbol{b}^*$의 해가 존재하면 비동차방정식 $A\boldsymbol{x} = \boldsymbol{b} + \boldsymbol{b}^*$의 해가 존재하는 이유를 설명하시오.

2.4 일차독립, 기저, 차원

이 절에서는 벡터공간에서 정의되는 몇 개의 추상적인 개념들을 정립한다. 몇 개의 벡터가 일차독립인지 또는 일차종속인지에 대한 개념을 정립하고 벡터들이 생성하는 공간과 벡터공간의 기저와 차원을 정의한다.

2.4.1 일차독립

행렬 A 크기가 $m \times n$이고 $m < n$이라고 하자. 이 경우 방정식 $A\boldsymbol{x} = \mathbf{0}$은 자명해 이외의 해를 갖는다.

증명 방정식의 개수가 m이고 미지수의 개수가 n인데 축은 많아야 m개이다. 자유변수가 적어도 $n - m$개 있는데 $n - m > 0$이므로 자유변수가 적어도 한 개 존재한다. 이 자유변수의 값으로 0이 아닌 임의의 값(예를 들면 1)을 주면 축변수 값은 후진대입법에 의해 결정된다. □

어떻게 자유변수의 값을 효과적으로 줄 수 있는 지는 조만간 명확해진다.

일차독립의 엄밀한 또는 추상적인(abstract) 정의 대신 의미가 무엇인지 알아보자. 벡터공간의 n개의 벡터 $\boldsymbol{v}_1, \boldsymbol{v}_2, \cdots, \boldsymbol{v}_n$이 주어졌다고 하자. 이 벡터들의 일차결합

$$c_1\boldsymbol{v}_1 + c_2\boldsymbol{v}_2 + \cdots + c_n\boldsymbol{v}_n$$

을 잡았을 때 계수가

$$c_1 = c_2 = \cdots = c_n = 0$$

이면 당연히 영벡터가 된다. 계수가 모두 0인 일차결합을 자명한 일차결합이라고 한다. 자명한 일차결합 이외의 영벡터가 되는 일차결합이 존재하지 않는 경우 $\boldsymbol{v}_1, \boldsymbol{v}_2, \cdots, \boldsymbol{v}_n$이 일차독립(linearly independent)이라고 한다. 즉,

$$c_1\boldsymbol{v}_1 + c_2\boldsymbol{v}_2 + \cdots + c_n\boldsymbol{v}_n = \mathbf{0} \implies c_1 = \cdots = c_n = 0$$

일 때 $\boldsymbol{v}_1, \boldsymbol{v}_2, \cdots, \boldsymbol{v}_n$이 일차독립이다.

$\boldsymbol{v}_1, \boldsymbol{v}_2, \cdots, \boldsymbol{v}_n$이 일차독립이 아닌 경우, 즉, $c_1\boldsymbol{v}_1 + c_2\boldsymbol{v}_2 + \cdots + c_n\boldsymbol{v}_n = \mathbf{0}$ 인 모두가 영인 것은 아닌 상수 $c_1, c_2, \cdots, c_n$ 이 존재하면 $\boldsymbol{v}_1, \boldsymbol{v}_2, \cdots, \boldsymbol{v}_n$이 일차종속(linearly dependent)이라고 한다.

보기 2.4.1. (a) 영벡터가 아닌 벡터 $\boldsymbol{v}_1$을 잡고 $\boldsymbol{v}_2 = 2\boldsymbol{v}_1$이라고 하면 $2\boldsymbol{v}_1 - \boldsymbol{v}_2 = \mathbf{0}$이므로 $\boldsymbol{v}_1, \boldsymbol{v}_2$는 일차종속이다.

(b) 더 간단한 경우로 $\boldsymbol{v}_1$이 영벡터가 아니고 $\boldsymbol{v}_2$를 영벡터라고 하면$0\boldsymbol{v}_1 + 1\boldsymbol{v}_2 = \mathbf{0}$이므로 $\boldsymbol{v}_1, \boldsymbol{v}_2$는 일차종속이다.

(c) 벡터공간 $\mathbb{R}^2$의 $\boldsymbol{v}_1 = \begin{bmatrix} 2 \\ 1 \end{bmatrix}, \boldsymbol{v}_2 = \begin{bmatrix} 1 \\ 2 \end{bmatrix}$는 $c_1\boldsymbol{v}_1 + c_2\boldsymbol{v}_2 = \mathbf{0}$이면 $c_1 = c_2 = 0$이므로 일차독립이다.

(d) 이제 제 삼의 벡터를 추가하여 $\boldsymbol{v}_1 = \begin{bmatrix} 2 \\ 1 \end{bmatrix}, \boldsymbol{v}_2 = \begin{bmatrix} 1 \\ 2 \end{bmatrix}, \boldsymbol{v}_3 = \begin{bmatrix} 2 \\ -1 \end{bmatrix}$이 일차독립인지 일차종속인지를 판별해 보자. 우선 이 벡터들의 일차결합으로 영벡터를 만들면

$$c_1\boldsymbol{v}_1 + c_2\boldsymbol{v}_2 + c_3\boldsymbol{v}_3 = \mathbf{0} \tag{2.1}$$

이다. 이때 $c_1 = c_2 = c_3 = 0$이면 일차독립이고 c_1, c_2, c_3 중 하나라도 영이 아니면 일차종속이다. (2.1)은

$$\begin{bmatrix} 2 & 1 & 2 \\ 1 & 2 & -1 \end{bmatrix} \begin{bmatrix} c_1 \\ c_2 \\ c_3 \end{bmatrix} = \begin{bmatrix} 0 \\ 0 \end{bmatrix}$$

으로 쓸 수 있으므로 동차방정식 $A\boldsymbol{x} = \mathbf{0}$가 자명해만을 갖는지 아닌지에 따라 일차독립인지 일차종속인지가 결정된다. 이 경우 축의 개수가 많아야 두 개이므로 자유변수가 적어도 하나 존재한다. 따라서 $\boldsymbol{x} \neq \mathbf{0}$인 해가 존재하므로 일차종속이다.

이상의 사실을 좀 더 일반화해보자.

정리 2.4.1. $\boldsymbol{v}_1, \boldsymbol{v}_2, \cdots, \boldsymbol{v}_n \in \mathbb{R}^m$ 일 때

$$A = \begin{bmatrix} \boldsymbol{v}_1 \cdots \boldsymbol{v}_n \end{bmatrix}$$

라고 하자. $N(A) = \{\mathbf{0}\}$이면 $\boldsymbol{v}_1, \boldsymbol{v}_2, \cdots, \boldsymbol{v}_n$이 일차독립이다.

증명 $N(A) = \{\mathbf{0}\}$이면 $\operatorname{Rank} A = n$이고 $A\boldsymbol{x} = \mathbf{0}$의 자유변수가 없다. 따라서 $\boldsymbol{v}_1, \boldsymbol{v}_2, \cdots, \boldsymbol{v}_n$이 일차독립이다. □

$A\boldsymbol{x} = \mathbf{0}$의 비자명해가 존재하면 $\boldsymbol{v}_1, \boldsymbol{v}_2, \cdots, \boldsymbol{v}_n$이 일차종속이다.

$\boldsymbol{v}_1, \boldsymbol{v}_2, \cdots, \boldsymbol{v}_d \in \mathbb{R}^m$의 모든 일차결합으로 이루어진 집합을 $\boldsymbol{v}_1, \boldsymbol{v}_2, \cdots, \boldsymbol{v}_d$의 생성공간(span)이라고 하고 $\operatorname{Span}\{\boldsymbol{v}_1, \boldsymbol{v}_2, \cdots, \boldsymbol{v}_d\}$로 표기한다.

보조정리 2.1.1를 이용하면

$\operatorname{Span}\{\boldsymbol{v}_1, \boldsymbol{v}_2, \cdots, \boldsymbol{v}_d\}$는 $\mathbb{R}^n$의 부분공간이 된다.

을 보일 수 있다.

보기 2.4.2. $m \times n$ 행렬 A의 열벡터를 $\boldsymbol{v}_1, \boldsymbol{v}_2, \cdots, \boldsymbol{v}_n$ 이라고 하면

$$\operatorname{Span}\{\boldsymbol{v}_1, \boldsymbol{v}_2, \cdots, \boldsymbol{v}_n\} = C(A)$$

이고 $\mathbb{R}^m$의 부분공간이다.

2.4.2 기저

$\boldsymbol{v}_1, \boldsymbol{v}_2, \cdots, \boldsymbol{v}_d$를 포함하는 부분공간은 이 벡터들의 일차결합을 모두 포함해야 하므로 $\mathrm{Span}\{\boldsymbol{v}_1, \boldsymbol{v}_2, \cdots, \boldsymbol{v}_d\}$가 $\boldsymbol{v}_1, \boldsymbol{v}_2, \cdots, \boldsymbol{v}_d$를 포함하는 최소의 벡터공간이다. 여기서 $\boldsymbol{v}_1, \boldsymbol{v}_2, \cdots, \boldsymbol{v}_d$가 일차종속이면 일차종속인 벡터를 제외하더라도 생성공간은 같다. 따라서 다음과 같은 정의를 할 수 있다.

정의 2.4.1. $\mathbb{R}^n$의 벡터 $\boldsymbol{v}_1, \boldsymbol{v}_2, \cdots, \boldsymbol{v}_n$이

(1) 일차독립이고

(2) 생성공간이 $\mathbb{R}^n$일 때

$\boldsymbol{v}_1, \boldsymbol{v}_2, \cdots, \boldsymbol{v}_n$를 $\mathbb{R}^n$의 기저(basis)라고 한다.

보기 2.4.3 ($\mathbb{R}^3$의 표준기저). $\begin{bmatrix} 1 \\ 0 \\ 0 \end{bmatrix}, \begin{bmatrix} 0 \\ 1 \\ 0 \end{bmatrix}, \begin{bmatrix} 0 \\ 0 \\ 1 \end{bmatrix}$이 $\mathbb{R}^3$의 기저가 된다. 이 기저를 $\mathbb{R}^3$의 표준기저라고 한다.

이유 (1) $c_1 \begin{bmatrix} 1 \\ 0 \\ 0 \end{bmatrix} + c_2 \begin{bmatrix} 0 \\ 1 \\ 0 \end{bmatrix} + c_3 \begin{bmatrix} 0 \\ 0 \\ 1 \end{bmatrix} = \begin{bmatrix} 0 \\ 0 \\ 0 \end{bmatrix}$이면 $c_1 = c_2 = c_3 = 0$이므로 일차독립이다. 또는 행렬 $A = \begin{bmatrix} 1 & 0 & 0 \\ 0 & 1 & 0 \\ 0 & 0 & 1 \end{bmatrix}$은 단위행렬이고 $N(A) = \begin{bmatrix} 0 \\ 0 \\ 0 \end{bmatrix}$이므로 A의 열벡터들이 일차독립이다.

(2) 임의의 $\boldsymbol{x} \in \mathbb{R}^3$를 $\boldsymbol{x} = \begin{bmatrix} v_1 \\ v_2 \\ v_3 \end{bmatrix}$라고하면

$$\boldsymbol{x} = v_1 \begin{bmatrix} 1 \\ 0 \\ 0 \end{bmatrix} + v_2 \begin{bmatrix} 0 \\ 1 \\ 0 \end{bmatrix} + v_3 \begin{bmatrix} 0 \\ 0 \\ 1 \end{bmatrix}$$

이므로 $\mathbb{R}^3 \subseteq \text{Span}\left\{\begin{bmatrix} 1 \\ 0 \\ 0 \end{bmatrix}, \begin{bmatrix} 0 \\ 1 \\ 0 \end{bmatrix}, \begin{bmatrix} 0 \\ 0 \\ 1 \end{bmatrix}\right\}$이다. 반대 방향의 포함관계는 생성공간의 정의에 의해 당연하다. 따라서

$$\mathbb{R}^3 = \text{Span}\left\{\begin{bmatrix} 1 \\ 0 \\ 0 \end{bmatrix}, \begin{bmatrix} 0 \\ 1 \\ 0 \end{bmatrix}, \begin{bmatrix} 0 \\ 0 \\ 1 \end{bmatrix}\right\}$$

이다.

□

이제 $\mathbb{R}^3$의 다른 기저를 찾아보자. 우선 $\begin{bmatrix} 1 \\ 1 \\ 2 \end{bmatrix}$에서 시작해 보자. 다음 $\begin{bmatrix} 2 \\ 2 \\ 5 \end{bmatrix}$는 $\begin{bmatrix} 1 \\ 1 \\ 2 \end{bmatrix}$의 상수배가 아니므로 두 벡터는 일차독립이다. 그렇지만 이 두 벡터로 $\mathbb{R}^3$를 생성할 수 없으므로 $\begin{bmatrix} 1 \\ 1 \\ 2 \end{bmatrix}$와 $\begin{bmatrix} 2 \\ 2 \\ 5 \end{bmatrix}$에 일차독립이 되도록 세 번째 벡터,

예를 들면 $\begin{bmatrix} 3 \\ 3 \\ 8 \end{bmatrix}$을 잡는다. 세 번째 벡터를 $\begin{bmatrix} 3 \\ 3 \\ 7 \end{bmatrix}$로 잡으면

$$1\begin{bmatrix} 1 \\ 1 \\ 2 \end{bmatrix} + 1\begin{bmatrix} 2 \\ 2 \\ 5 \end{bmatrix} + (-1)\begin{bmatrix} 3 \\ 3 \\ 7 \end{bmatrix} = \begin{bmatrix} 0 \\ 0 \\ 0 \end{bmatrix}$$

이어서 세 벡터가 일차종속이다.

여기서 두 벡터가 만드는 평면은 그림 2.7과 같다.

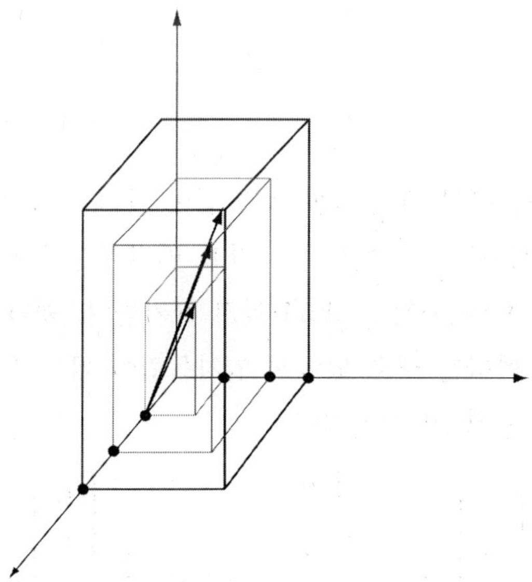

그림 2.7: 두 벡터가 만드는 평면

$\begin{bmatrix} 3 \\ 3 \\ 7 \end{bmatrix}$은 이 평면 위에 있고 $\begin{bmatrix} 3 \\ 3 \\ 8 \end{bmatrix}$은 그렇지 않다.

$\begin{bmatrix}1\\1\\2\end{bmatrix}$와 $\begin{bmatrix}2\\2\\5\end{bmatrix}$는 일차독립이므로 $\mathbb{R}^3$의 부분공간 $\mathrm{Span}\left\{\begin{bmatrix}1\\1\\2\end{bmatrix}, \begin{bmatrix}2\\2\\5\end{bmatrix}\right\}$의 기저가 되지만 $\mathbb{R}^3$의 기저가 될 수는 없다. 행렬의 열벡터들이 일차독립이면 열공간 $C(A)$의 기저가 된다.

일반적으로 $\mathbb{R}^n$의 n개의 벡터가 기저일 필요충분조건은 이 벡터들을 행벡터로 하는 행렬이 가역인 것이다.

2.4.3 차원

주어진 벡터공간에는 위의 예에서 본 것과 같이 여러 가지 기저를 줄 수 있는데 각 기저의 벡터의 개수는 일정하다. 이 값을 벡터공간의 차원(dimension)이라고 한다. 벡터공간 V의 차원을 $\dim V$라고 표기한다. 벡터공간 V의 차원을 6이라고 하면 7개의 벡터는 너무 많아서 일차독립이 아니고 5개의 벡터는 너무 적어서 전체공간 V를 생성할 수 없다.

보기 2.4.4. $\boldsymbol{e}_1 = \begin{bmatrix}1\\0\\\vdots\\0\end{bmatrix}, \boldsymbol{e}_2 = \begin{bmatrix}0\\1\\\vdots\\0\end{bmatrix}, \cdots, \boldsymbol{e}_n = \begin{bmatrix}0\\\vdots\\0\\1\end{bmatrix}$은 $\mathbb{R}^n$의 기저이므로 $\dim \mathbb{R}^n = n$이다. 이 기저를 $\mathbb{R}^n$의 표준기저(standard basis)라고 한다.

보기 2.4.5. $A = \begin{bmatrix}1&2&3&1\\1&1&2&1\\1&2&3&1\end{bmatrix}$일 때 $\dim C(A)$를 구해보자. 이 행렬의 열벡터들은 열공간 $C(A)$을 생성한다. 다음으로 이 열벡터들이 일차독립인지 알

아보자. 행렬 A를 관찰해 보면 세 번째 열은 첫 두열의 합이고 네 번째 열은 첫 번째 열과 같다. 따라서 $\begin{bmatrix} -1 \\ -1 \\ 1 \\ 0 \end{bmatrix}, \begin{bmatrix} -1 \\ 0 \\ 0 \\ 1 \end{bmatrix}$이 $N(A)$에 속한다. 따라서 네 개의 열벡터가 일차종속이다.

두 번째 열은 첫 번째 열의 상수배가 아니므로 첫 두 열은 일차독립이다. 따라서

$$C(A) = \text{Span}\left\{ \begin{bmatrix} 1 \\ 1 \\ 1 \end{bmatrix}, \begin{bmatrix} 2 \\ 1 \\ 2 \end{bmatrix} \right\}$$

이고 이 공간의 기저는 $\begin{bmatrix} 1 \\ 1 \\ 1 \end{bmatrix}, \begin{bmatrix} 2 \\ 1 \\ 2 \end{bmatrix}$나 $\begin{bmatrix} 1 \\ 1 \\ 1 \end{bmatrix}, \begin{bmatrix} 3 \\ 2 \\ 3 \end{bmatrix}$, 또는 $\begin{bmatrix} 2 \\ 2 \\ 2 \end{bmatrix}, \begin{bmatrix} 7 \\ 5 \\ 7 \end{bmatrix}$ 등이 될 수 있다. 따라서 $\dim C(A) = 2$이다.

일반적으로

$$\text{Rank}(A) = \text{축열의 수} = \dim C(A)$$

이고

주어진 벡터 공간의 차원이 d임을 알고 있을 때 d 개의 일차독립인 벡터는 기저가 된다.

보기 2.4.6. 이제 영공간 $N(A)$의 차원을 구해보자. $\begin{bmatrix} -1 \\ -1 \\ 1 \\ 0 \end{bmatrix}, \begin{bmatrix} -1 \\ 0 \\ 0 \\ 1 \end{bmatrix}$이 $A\boldsymbol{x} =$

0의 특별한 해이다. 이 벡터들이 열벡터의 어떤 일차결합이 영벡터가 되는 지를 알려준다. 이 두 벡터가 영공간 $N(A)$의 기저이고 $\dim N(A) = 2$이다.

일반적으로

$$\dim N(A) = \text{자유변수의 개수}$$

이었는데 자유변수의 개수를 행렬 A의 계수 r과 행의 개수 m이나 열의 개수 n과 관련지어 보자. n개의 열 중 r개는 축열이므로 자유열의 개수는 $n - r$이다. 따라서

$$\dim N(A) = n - \operatorname{Rank} A \tag{2.2}$$

이다. (2.2)는 선형대수학의 기본 정리 중 특별한 경우로 앞으로 계속 이 문제를 다룬다.

보기 2.4.7. $\mathbb{R}^3$ 의 세 벡터

$$\begin{bmatrix} 1 \\ 1 \\ 2 \end{bmatrix}, \begin{bmatrix} 2 \\ 2 \\ 5 \end{bmatrix}, \begin{bmatrix} 3 \\ 3 \\ 8 \end{bmatrix}$$

는 $\mathbb{R}^3$의 기저가 될 수 없다. 기저임을 보이기 위해서는 세 개의 벡터가 일차독립임을 보이면 된다.

우선 $\begin{bmatrix} 1 \\ 1 \\ 2 \end{bmatrix}, \begin{bmatrix} 2 \\ 2 \\ 5 \end{bmatrix}$이 일차독립임은 당연하다.

$$\begin{bmatrix}1\\1\\2\end{bmatrix}+\begin{bmatrix}2\\2\\5\end{bmatrix}=\begin{bmatrix}3\\3\\7\end{bmatrix}$$

이므로 $\begin{bmatrix}1\\1\\2\end{bmatrix}$, $\begin{bmatrix}2\\2\\5\end{bmatrix}$, $\begin{bmatrix}3\\3\\7\end{bmatrix}$은 일차종속이고 $\begin{bmatrix}3\\3\\7\end{bmatrix}$은 $\begin{bmatrix}1\\1\\2\end{bmatrix}$와 $\begin{bmatrix}2\\2\\5\end{bmatrix}$를 포함하는 평면 위의 벡터이다.

> 이때 $\begin{bmatrix}3\\3\\7\end{bmatrix}$의 세 번째 성분을 조금 바꾼 $\begin{bmatrix}3\\3\\8\end{bmatrix}$는 이 평면 위에 있지 않는 벡터가 되지 않을까?

$\mathbb{R}^3$의 기저를 만들기 위하여 세 번째 벡터를 $\begin{bmatrix}3\\3\\8\end{bmatrix}$를 선택하자.

$$\begin{bmatrix}1&2&3\\1&2&3\\2&5&8\end{bmatrix}\to\begin{bmatrix}1&2&3\\0&1&2\\0&0&0\end{bmatrix}\to\begin{bmatrix}1&0&-1\\0&1&2\\0&0&0\end{bmatrix}$$

로부터

$$-1\begin{bmatrix}1\\1\\2\end{bmatrix}+2\begin{bmatrix}2\\2\\5\end{bmatrix}=\begin{bmatrix}3\\3\\8\end{bmatrix},$$

즉,

$$-1\begin{bmatrix}1\\1\\2\end{bmatrix}+2\begin{bmatrix}2\\2\\5\end{bmatrix}-1\begin{bmatrix}3\\3\\8\end{bmatrix}=\mathbf{0}$$

이다. 따라서

$$\begin{bmatrix} 1 \\ 1 \\ 2 \end{bmatrix}, \begin{bmatrix} 2 \\ 2 \\ 5 \end{bmatrix}, \begin{bmatrix} 3 \\ 3 \\ 8 \end{bmatrix}$$

은 일차독립이 아니다.

그런데 이런 계산을 하지 않고도 쉽게 이 사실을 보일 수 있다. 이 세 벡터를 열벡터로 하는 행렬

$$\begin{bmatrix} 1 & 2 & 3 \\ 1 & 2 & 3 \\ 2 & 5 & 8 \end{bmatrix}$$

은 첫 두 행이 같으므로 행렬의 계수가 3이 아니어서 가역행렬이 아니다. 따라서 세 개의 열벡터는 일차독립일 수 없다.

2.4.4 연습 문제

문제 2.4.1.

$$\begin{bmatrix} 1 & -3 & 4 & -2 & 5 & 4 \\ 2 & -6 & 9 & -1 & 8 & 2 \\ 2 & -6 & 9 & -1 & 9 & 7 \\ -1 & 3 & -4 & 2 & -5 & -4 \end{bmatrix}$$

의 행공간과 열공간의 기저를 구하시오.

문제 2.4.2. (1) $\boldsymbol{v}_1 = \begin{bmatrix} 1 \\ -2 \\ 0 \\ 3 \end{bmatrix}, \boldsymbol{v}_2 = \begin{bmatrix} 2 \\ -5 \\ -3 \\ 6 \end{bmatrix}, \boldsymbol{v}_3 = \begin{bmatrix} 0 \\ 1 \\ 3 \\ 0 \end{bmatrix}, \boldsymbol{v}_4 = \begin{bmatrix} 2 \\ -1 \\ 4 \\ -7 \end{bmatrix}, \boldsymbol{v}_5 =$

$\begin{bmatrix} 5 \\ -8 \\ 1 \\ 2 \end{bmatrix}$가 생성하는 공간의 기저를 위의 벡터로 나타내시오.

(2) 위 벡터 중 기저에 속하지 않은 벡터를 기저에 속한 벡터의 일차결합으로 나타내시오.

문제 2.4.3. 3×3 꼬임대칭행렬($A = -A^T$)로 이루어진 부분공간의 차원을 구하시오.

문제 2.4.4. 3×2 행렬의 행벡터들이 일차종속인 이유를 설명하시오.

문제 2.4.5. $\boldsymbol{v}_1 = \begin{bmatrix} 1 \\ 0 \\ 0 \end{bmatrix}, \boldsymbol{v}_2 = \begin{bmatrix} 1 \\ 1 \\ 0 \end{bmatrix}, \boldsymbol{v}_3 = \begin{bmatrix} 1 \\ 1 \\ 1 \end{bmatrix}, \boldsymbol{v}_4 = \begin{bmatrix} 2 \\ 3 \\ 4 \end{bmatrix}$ 일 때

(1) $\boldsymbol{v}_1, \boldsymbol{v}_2, \boldsymbol{v}_3$가 일차 독립임을 보이시오.

(2) $\boldsymbol{v}_1, \boldsymbol{v}_2, \boldsymbol{v}_3, \boldsymbol{v}_4$가 일차 종속임을 보이시오.

문제 2.4.6. $A = \begin{bmatrix} 3 & 1 & 1 & 1 & 6 \\ 0 & -2 & 3 & -4 & -3 \\ 3 & -1 & 4 & -4 & 3 \\ 9 & -1 & 9 & -7 & 12 \end{bmatrix}$의 행공간 $R(A)$의 기저를 구하시오.

문제 2.4.7. $A = \begin{bmatrix} 4 & 2 & 3 & 0 \\ 4 & -2 & -3 & 1 \\ 4 & 2 & 3 & 0 \end{bmatrix}$의 열공간 $C(A)$의 기저를 구하시오.

문제 2.4.8. $A = \begin{bmatrix} 1 & 0 & -3 & 2 & 3 \\ -4 & -1 & -1 & -2 & 2 \\ -7 & -2 & -2 & -4 & 4 \\ 4 & 1 & -2 & 4 & 1 \end{bmatrix}$의 열공간 $C(A)$의 기저를 구하시오.

문제 2.4.9. 벡터 $\begin{bmatrix} 2 \\ a \\ 14 \\ 0 \end{bmatrix}$ 이 $\text{Span}\left\{ \begin{bmatrix} -1 \\ -2 \\ -5 \\ 4 \end{bmatrix}, \begin{bmatrix} 0 \\ -5 \\ 5 \\ 5 \end{bmatrix}, \begin{bmatrix} 0 \\ 0 \\ -1 \\ 3 \end{bmatrix} \right\}$에 속할 a를 구하시고.

문제 2.4.10. $A = \begin{bmatrix} -5 & 5 & 0 \\ -5 & 6 & -1 \\ -5 & 8 & -3 \end{bmatrix}$ 이고 $\boldsymbol{b} = \begin{bmatrix} 2 \\ -1 \\ -9 \end{bmatrix}$ 일 때 벡터 $\boldsymbol{b}$가 행렬 A의 열들의 일차결합으로 표시되는지 아닌지 밝히시오.

문제 2.4.11. 행렬 $A = \begin{bmatrix} -5 & -4 & 5 & -2 & 4 \\ 5 & -2 & -3 & -4 & -1 \\ -15 & -6 & 13 & 0 & 9 \end{bmatrix}$ 의 행공간 $R(A)$의 기저를 구하시오.

문제 2.4.12. 행렬 $A = \begin{bmatrix} -5 & -3 & -7 \\ 5 & -5 & 15 \\ 2 & -3 & 7 \\ -2 & -4 & 0 \\ -5 & -9 & -1 \end{bmatrix}$ 의 열공간 $C(A)$의 기저를 구하시오.

문제 2.4.13. 다음 행렬의 열벡터들이 벡터공간 $\mathbb{R}^2$를 생성하는지 아닌지 보이시오.

(1) $\begin{bmatrix} -1 & -4 & 16 \\ 9 & 36 & -144 \end{bmatrix}$

(2) $\begin{bmatrix} -4 & 16 \\ 3 & -12 \end{bmatrix}$

(3) $\begin{bmatrix} 7 & -10 & 6 \\ 1 & -26 & 7 \end{bmatrix}$

(4) $\begin{bmatrix} 3 & -8 \\ 2 & -9 \end{bmatrix}$

문제 2.4.14. 다음 행렬의 열벡터들이 벡터공간 $\mathbb{R}^3$를 생성하는지 아닌지 보이시오.

(1) $\begin{bmatrix} -5 & 9 \\ -9 & -3 \\ -1 & -6 \end{bmatrix}$

(2) $\begin{bmatrix} -1 & -2 & 1 \\ 3 & 6 & -3 \\ 5 & 10 & -5 \end{bmatrix}$

(3) $\begin{bmatrix} -2 & 2 & -4 & 2 \\ -6 & 5 & -11 & 9 \\ 5 & -5 & 10 & -5 \end{bmatrix}$

(4) $\begin{bmatrix} 5 & 5 & -11 \\ 6 & 7 & -10 \\ 3 & 3 & -6 \end{bmatrix}$

문제 2.4.15. $\boldsymbol{u}, \boldsymbol{v}\boldsymbol{w}$가 $\mathbb{R}^7$의 일차독립인 벡터일 때

$$\boldsymbol{u} - 2\boldsymbol{v}, \boldsymbol{v} - 4\boldsymbol{w}, \boldsymbol{w} - k\boldsymbol{u}$$

가 일차종속일 k를 구하시오.

문제 2.4.16. 두 벡터 $\begin{bmatrix} 1 \\ k \end{bmatrix}$와 $\begin{bmatrix} k \\ 5k+14 \end{bmatrix}$가 일차독립일 실수값 k를 구하시오.

문제 2.4.17. 다음 행렬들이 일차독립인지 아닌지 보이시오.

(1) $\begin{bmatrix} -1 & 1 \\ -7 & 0 \end{bmatrix}, \begin{bmatrix} 4 & -4 \\ 28 & 0 \end{bmatrix}$

(2) $\begin{bmatrix} 1 & 4 \\ 4 & 3 \end{bmatrix}, \begin{bmatrix} 4 & 1 \\ 1 & 4 \end{bmatrix} \begin{bmatrix} 4 & 4 \\ 1 & 0 \end{bmatrix}$

(3) $\begin{bmatrix} -1 & 1 \\ -7 & 0 \end{bmatrix}, \begin{bmatrix} 4 & 24 \\ 32 & 0 \end{bmatrix} \begin{bmatrix} 1 & -3 \\ 9 & 10 \end{bmatrix} \begin{bmatrix} 1 & -1 \\ -4 & -4 \end{bmatrix}$

문제 2.4.18. 벡터 $\begin{bmatrix} 56 \\ -74 \\ h \end{bmatrix}$가 두 벡터 $\begin{bmatrix} -4 \\ 5 \\ 2 \end{bmatrix}$와 $\begin{bmatrix} 12 \\ -16 \\ -5 \end{bmatrix}$로 생성되는 평면에 속할 h를 구하시오.

문제 2.4.19. 세 벡터

$$\begin{bmatrix} 5 \\ -16 \\ -31 \end{bmatrix}, \begin{bmatrix} -1 \\ 3 \\ 19+k \end{bmatrix}, \begin{bmatrix} 1 \\ -5 \\ -8 \end{bmatrix}$$

이 일차독립일 k를 구하시오.

문제 2.4.20. 다음 꼴의 벡터들이 이루는 벡터공간의 기저를 구하시오.

(1) $\begin{bmatrix} 5a+5b \\ a \\ b \end{bmatrix}$

(2) $\begin{bmatrix} -t \\ 0 \\ 2t \end{bmatrix}$

(3) $\begin{bmatrix} -2s+4t \\ s-5t \\ 5s+4t \\ 2s-3t \end{bmatrix}$

문제 2.4.21. 다음 부분공간의 차원을 구하시오.

1. 6×6 행렬 중 아래삼각행렬

2. 4×4 행렬 중 대각합(trace)가 영인 행렬

문제 2.4.22. 다음 벡터들이 생성하는 공간이 $\mathbb{R}^3$의 직선인지 평면인지 전부인지 밝히시오.

(1) $\begin{bmatrix}-3\\-2\\3\end{bmatrix}, \begin{bmatrix}-9\\-6\\10\end{bmatrix}, \begin{bmatrix}-6\\-4\\7\end{bmatrix}, \begin{bmatrix}33\\22\\-36\end{bmatrix}$

(2) $\begin{bmatrix}-3\\2\\3\end{bmatrix}, \begin{bmatrix}0\\0\\0\end{bmatrix}, \begin{bmatrix}6\\-4\\-6\end{bmatrix}, \begin{bmatrix}-12\\8\\12\end{bmatrix}$

(3) 4 $\begin{bmatrix}-2\\3\\3\end{bmatrix}, \begin{bmatrix}-5\\5\\5\end{bmatrix}, \begin{bmatrix}0\\1\\1\end{bmatrix}, \begin{bmatrix}0\\1\\1\end{bmatrix}$

2.5 네 개의 기본 부분공간

이 절에서는 당분간 연립일차방정식과 행렬과의 관계를 마무리하기 위하여 몇 개의 부분공간을 정의하고 이들의 관계를 알아본다. 주어진 행렬로부터 이미 열공간과 영공간은 정의하였는데 나머지 두 개의 부분공간을 더 정의한다.

2.5.1 기본 부분공간

행렬 A의 열공간 $C(A)$와 영공간 $N(A)$는 이미 §2.1에서 정의했었다. 이제 행공간 $R(A)$를 정의해 보자.

A의 행공간은 A의 행벡터들의 일차결합으로 이루어진 집합이다. 열공간 $C(A)$를 정의했을 때 처럼 열벡터 대신 행벡터를 이용하여 행공간 $R(A)$를 정의하면 된다. 지금까지 벡터라고 함은 항상 열벡터를 의미했다. 즉, $\mathbb{R}^n$의 벡터는 성분이 n개인 열벡터 $\begin{bmatrix} x_1 \\ \vdots \\ x_n \end{bmatrix}$이었다. 따라서 행벡터를 열벡터로 만들기 위해서는 누워있는 벡터를 세우면 되는데 이렇게 하기 위해서 행렬 A의 전치행렬 A^T를 취하고 A의 열벡터를 A^T의 행벡터로 간주하면 된다. 따라서 A의 행공간(row space)은 A^T의 열공간으로 정의한다. 즉,

$$R(A) = C(A^T)$$

이다.

이제 마지막으로 A^T의 영공간 $N(A^T)$가 정의하자. 이 공간을 A의 왼쪽-영공간(left-null space)이라고 한다. 이런 이름이 붙은 이유는 조만간 명확해 진다.

행렬 A가 주어졌을 때 4개의 부분공간

$$C(A), N(A), R(A), N(A^T)$$

를 정의하였는데 지금부터 이 부분공간들의 실체를 규명해보자.

A가 $m \times n$행렬이라고 하자.

(1) A의 열벡터는 $\mathbb{R}^m$에 속하고 n개가 있다. 따라서 A의 열공간 $C(A)$는 $\mathbb{R}^m$의 부분공간이다.

(2) 방정식 $A\boldsymbol{x} = \mathbf{0}$를 생각하면 $\boldsymbol{x} = \begin{bmatrix} x \\ \vdots \\ x_n \end{bmatrix}$으로 $\boldsymbol{x} \in \mathbb{R}^n$이어서 A의 행공간 $N(A)$는 $\mathbb{R}^n$의 부분공간이다.

(3) A의 행공간 $R(A)$와 왼쪽-영공간 $N(A^T)$는 A의 전치행렬 A^T에 의해서 정의되었다. A가 $m{\times}n$행렬이면 A^T는 $n{\times}m$행렬이다. 따라서 $R(A) = C(A^T)$이므로 $R(A)$는 $\mathbb{R}^n$의 부분공간이고 왼쪽-영공간 $N(A^T)$는 $\mathbb{R}^m$의 부분공간이다.

위의 네 개의 부분공간 $C(A), R(A), N(A), N(A^T)$를 기본 부분공간(fundamental subspace)이라고 하는데 그림으로 표현하면 그림 2.8과 같다.

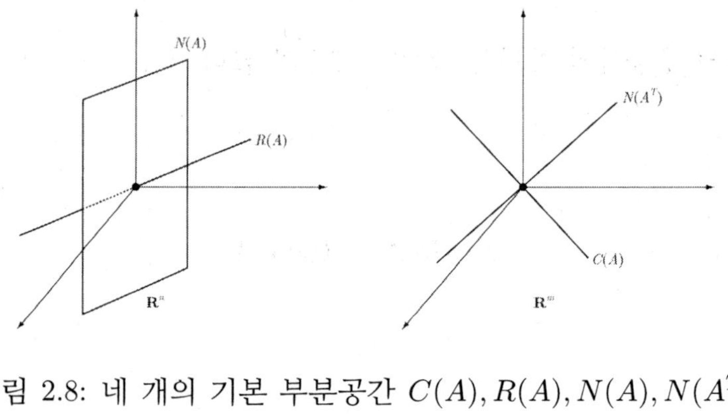

그림 2.8: 네 개의 기본 부분공간 $C(A), R(A), N(A), N(A^T)$

§3.1에서 각각의 두 부분공간이 유클리드 내적에 대해서 서로 수직임을 보인다.

2.5.2 기본 부분공간의 관계

이제 이 네 개의 기본 부분공간의 기저를 구하여 이 부분공간의 차원을 알아보자. 다음으로 이 공간들 사이의 관계를 알아보자. 이 관계를 선형대수의 기본정리라고 한다.

(1) 행렬의 열공간의 차원은 행렬의 계수와 같다. 즉,

$$\dim C(A) = \text{Rank}\, A \tag{2.3}$$

이다.

증명 행렬 A에 행연산을 하여 축열을 구하면 그 축열에 대응하는 A의 열벡터들이 열공간 $C(A)$의 기저가 된다. 축의 수는 행렬의 계수와 같으므로

$$\dim C(A) = \text{Rank}\, A$$

이다. □

(2) 행렬의 행공간의 차원은 행렬의 계수와 같다. 즉,

$$\dim R(A) = \text{Rank}\, A \tag{2.4}$$

이다.

증명 행렬 A에 행연산을 하여 축을 포함하는 행을 구하면 이 행들이 A의 행공간의 기저가 된다. 축의 수는 행렬의 계수와 같으므로

$$\dim R(A) = \operatorname{Rank} A$$

이다. □

(2.3)과 (2.3)에 의해

$$\dim C(A) = \dim R(A)$$

이다.

보기 2.5.1. $A = \begin{bmatrix} 1 & 2 & 3 \\ 1 & 2 & 3 \\ 2 & 5 & 8 \end{bmatrix}$인 경우 일차독립인 행이 2개이므로 $\operatorname{Rank} A = 2$이다. 따라서 $\dim C(A) = 2$이므로 3개의 열벡터가 일차독립일 수 없다.

(3) 행렬 A의 영공간 $N(A)$의 기저는 $A\boldsymbol{x} = \mathbf{0}$의 특별한 해이었다. 이 특별한 해는 자유변수의 개수만큼 존재하고 이 벡터들은 일차독립이다. 전체적으로 n개의 변수가 있는데 이 중 $r = \operatorname{Rank} A$개는 축변수이고 나머지 $n-r$개의 변수가 자유변수이다. 따라서

$$\dim N(A) = n - \operatorname{Rank} A$$

이다.

(4) 행렬 A의 원쪽-영공간 $N(A^T)$의 기저와 차원은 A^T가 $n \times m$행렬이므로 이 행렬에 (3)의 논리를 적용하면

$$\dim N(A^T) = m - \text{Rank}\, A$$

이다.

축열들이 열공간의 기저가 됨을 알고있다. 행공간의 기저를 구하기 위해서 전치행렬을 취하면 이 행렬의 축열들이 열공간의 기저가 되는데 다시 전치행렬을 취하면 행공간의 기저가 된다.

보기 2.5.2. 주어진 행렬에 행연산을 하여 축약행사다리꼴을 구하면

$$A = \begin{bmatrix} 1 & 2 & 3 & 1 \\ 1 & 1 & 2 & 1 \\ 1 & 2 & 3 & 1 \end{bmatrix} \to \begin{bmatrix} 1 & 2 & 3 & 1 \\ 0 & -1 & -1 & 0 \\ 0 & 0 & 0 & 0 \end{bmatrix}$$
$$\to \begin{bmatrix} 1 & 2 & 3 & 1 \\ 0 & 1 & 1 & 0 \\ 0 & 0 & 0 & 0 \end{bmatrix} \to \begin{bmatrix} 1 & 0 & 1 & 1 \\ 0 & 1 & 1 & 0 \\ 0 & 0 & 0 & 0 \end{bmatrix} = R$$

이다. 여기서 $R(A) = R(R)$이지만 $C(A) \neq C(R)$이다. $\begin{bmatrix} 1 \\ 1 \\ 1 \end{bmatrix}$은 $C(A)$에 속하지만 $C(R)$에는 속하지 않는다. 반면 행연산은 행공간을 보존하므로 $R(A) = R(R)$이다. A의 첫 두 행 또는 R의 첫 두 행이 행공간의 기저가 될 수 있다. 일반적으로 $r = \text{Rank}(A)$일 때 행렬 R의 첫 r개의 행벡터가 행렬 A의 행공간 $R(A)$의 기저가 된다.

일반적으로 A에 행연산을 하여 R을 얻을 때 행을 치환하는 것을 고려해야 하기 때문에 A의 첫 r개의 행벡터가 $R(A)$의 기저가 된다고 할 수는 없다. 또 행연산의 과정을 거꾸로 돌리면 A의 행들을 R의 행들의 일차결합으로 표시할 수 있다.

(4) 이제 A의 왼쪽-영공간 $N(A^T)$를 규명해보자. $N(A^T)$는

$$A^T\boldsymbol{y} = \mathbf{0} \tag{2.5}$$

의 해공간이다. 이제 $\boldsymbol{y}$가 A의 왼쪽에 나타나고 A^T대신 A를 얻기 위하여 (2.5)의 전치를 취하면

$$\boldsymbol{y}^T A = \mathbf{0}$$

이다. A가 $m\times n$행렬일 때 다음과 같은 붙임행렬 $\left[\begin{array}{c|c} A & I \end{array}\right]$을 행연산을 통하여 $\left[\begin{array}{c|c} R & E \end{array}\right]$로 축약하였다고 하면

$$E \cdot A = R$$

이다. 여기서 I는 $m\times m$ 정사각행렬이다.

보기 2.5.3. 이제 $A = \begin{bmatrix} 1 & 2 & 3 & 1 \\ 1 & 1 & 2 & 1 \\ 1 & 2 & 3 & 1 \end{bmatrix}$의 왼쪽-영공간의 기저를 구해보자. A의 붙임행렬에 행연산을 시행하면

$$\left[\begin{array}{cccc|ccc} 1 & 2 & 3 & 1 & 1 & 0 & 0 \\ 1 & 1 & 2 & 1 & 0 & 1 & 0 \\ 1 & 2 & 3 & 1 & 0 & 0 & 1 \end{array}\right] \to \left[\begin{array}{cccc|rrr} 1 & 0 & 1 & 1 & -1 & 2 & 0 \\ 0 & 1 & 1 & 0 & 1 & -1 & 0 \\ 0 & 0 & 0 & 0 & -1 & 0 & 1 \end{array}\right]$$

이다. 따라서

$$\begin{bmatrix} -1 & 2 & 0 \\ 1 & -1 & 0 \\ -1 & 0 & 1 \end{bmatrix} \begin{bmatrix} 1 & 2 & 3 & 1 \\ 1 & 1 & 2 & 1 \\ 1 & 2 & 3 & 1 \end{bmatrix} = \begin{bmatrix} 1 & 0 & 1 & 1 \\ 0 & 1 & 1 & 0 \\ 0 & 0 & 0 & 0 \end{bmatrix}$$

이다. 우변의 마지막 행이 영벡터이므로

$$\begin{bmatrix} -1 & 0 & 1 \end{bmatrix} \begin{bmatrix} 1 & 2 & 3 & 1 \\ 1 & 1 & 2 & 1 \\ 1 & 2 & 3 & 1 \end{bmatrix} = \begin{bmatrix} 0 & 0 & 0 & 0 \end{bmatrix}$$

이다. $\dim N(A^T) = 3 - 2 = 1$이므로 영이 아닌 벡터 하나가 $N(A^T)$의 기저를 이룬다. 따라서 $\begin{bmatrix} -1 & 0 & 1 \end{bmatrix}$을 전치한 $\begin{bmatrix} -1 \\ 0 \\ 1 \end{bmatrix}$이 $N(A^T)$의 영공간의 기저이다.

이상을 정리하면

정리 2.5.1 (선형대수의 기본정리)**.** 행렬 A가 $m \times n$행렬이라고 하자. A의 행공간 $R(A)$와 영공간 $N(A)$는 $\mathbb{R}^n$의 부분공간이고

$$n = \dim R(A) + \dim N(A)$$

이다. A의 열공간 $C(A)$와 왼쪽-영공간 $N(A^T)$는 $\mathbb{R}^m$의 부분공간이고

$$m = \dim N(A^T) + \dim C(A)$$

이다. 여기서 $\dim R(A) = \dim C(A) = \operatorname{Rank} A$ 이다.

2.5.3 행렬공간

이제 $\mathbb{R}^n$이 아닌 새로운 벡터공간을 생각해보자. $\mathcal{M}$을 모든 3×3 행렬의 집합이라고 하자. $A, B \in \mathcal{M}$일 때 두 행렬의 합 $A+B$가 정의되고 상수 $c \in \mathbb{R}$에 대해서 상수곱 $c\cdot A$도 정의된다. 이 두 연산이 벡터공간이 만족해야 할 조건 (VS1)–(VS8)을 만족하므로 $(\mathcal{M}, +, \cdot)$이 벡터공간이 된다.

이 벡터공간의 부분공간으로

$$\mathcal{U} = \{A \in \mathcal{M} \mid A\text{는 위삼각행렬}\}$$
$$\mathcal{S} = \{A \in \mathcal{M} \mid A\text{는 대칭행렬}\}$$

을 생각할 수 있고 이 두 부분공간의 교집합은

$$\mathcal{U} \cap \mathcal{S} = \{A \in \mathcal{M} \mid A\text{는 대각행렬}\} = \mathcal{D}$$

이 된다. 두 대칭행렬의 곱이 다시 대칭행렬이 되는 것은 아니지만 두 행렬의 곱은 벡터공간과는 상관없는 연산이다.

이제 이 부분공간들의 기저와 차원을 구해보자.

$$\begin{bmatrix} 1 & 0 & 0 \\ 0 & 0 & 0 \\ 0 & 0 & 0 \end{bmatrix}, \begin{bmatrix} 0 & 1 & 0 \\ 0 & 0 & 0 \\ 0 & 0 & 0 \end{bmatrix}, \cdots, \begin{bmatrix} 0 & 0 & 0 \\ 0 & 0 & 0 \\ 0 & 0 & 1 \end{bmatrix}$$

이 $\mathcal{M}$의 기저가 되는데 이 기저를 표준기저라고 한다. 따라서 $\dim \mathcal{M} = 9$이다. 3×3 행렬공간 $\mathcal{M}$은 '벡터'의 열벡터를 아래로 내려쓰면 실질적으로 $\mathbb{R}^9$의 벡터와 같다.

이제 3×3 대칭행렬공간 $\mathcal{S}$의 기저를 구해보자. $\mathcal{M}$의 표준기저 중

$$\begin{bmatrix}1&0&0\\0&0&0\\0&0&0\end{bmatrix},\begin{bmatrix}0&0&0\\0&1&0\\0&0&0\end{bmatrix},\begin{bmatrix}0&0&0\\0&0&0\\0&0&1\end{bmatrix}$$

만이 대칭행렬이다. 기저가 되려면 더 많은 대칭행렬이 필요하다. 대각선 위의 세 성분이 더 있고 대각선 아래의 성분은 이 값에 의해 결정되므로 기저가 되기 위해

$$\begin{bmatrix}0&1&0\\1&0&0\\0&0&0\end{bmatrix},\begin{bmatrix}0&0&1\\0&0&0\\1&0&0\end{bmatrix},\begin{bmatrix}0&0&0\\0&0&1\\0&1&0\end{bmatrix}$$

이 더 필요하다. 따라서

$$\dim\mathcal{S}=6$$

이다.

3×3 위삼각행렬공간 $\mathcal{U}$의 기저는

$$\begin{bmatrix}1&0&0\\0&0&0\\0&0&0\end{bmatrix},\begin{bmatrix}0&0&0\\0&1&0\\0&0&0\end{bmatrix},\begin{bmatrix}0&0&0\\0&0&0\\0&0&1\end{bmatrix},\begin{bmatrix}0&1&0\\0&0&0\\0&0&0\end{bmatrix},\begin{bmatrix}0&0&1\\0&0&0\\0&0&0\end{bmatrix},\begin{bmatrix}0&0&0\\0&0&1\\0&0&0\end{bmatrix}$$

이고

$$\dim\mathcal{U}=6$$

이다. 이 경우는 $\mathcal{S}$와는 달리 $\mathcal{M}$의 표준기저가 $\mathcal{U}$의 기저를 포함하고 있다. 일반적으로 벡터공간의 기저의 부분집합이 부분공간의 기저가 되는 것은 아니다.

$\mathcal{S}$와 $\mathcal{U}$가 $\mathcal{M}$의 부분공간이므로 $\mathcal{S}\cap\mathcal{U}$도 $\mathcal{M}$의 부분공간이다. 대칭행렬이 위삼각행렬이 되려면 대각성분 이외의 성분은 0이 되어야 하므로 대각행렬이어야 한다.

$$\mathcal{D}=\mathcal{S}\cap\mathcal{U}$$

라고 하자. 이 3×3 대각행렬공간 $\mathcal{D}$의 기저는

$$\begin{bmatrix} 1 & 0 & 0 \\ 0 & 0 & 0 \\ 0 & 0 & 0 \end{bmatrix}, \begin{bmatrix} 0 & 0 & 0 \\ 0 & 1 & 0 \\ 0 & 0 & 0 \end{bmatrix}, \begin{bmatrix} 0 & 0 & 0 \\ 0 & 0 & 0 \\ 0 & 0 & 1 \end{bmatrix}$$

이고

$$\dim \mathcal{D} = 3$$

이다.

$\mathcal{D} = \mathcal{S} \cap \mathcal{U}$ 가 $\mathcal{M}$의 부분공간이 되는데 반하여 $\mathcal{S} \cup \mathcal{U}$는 $\mathcal{M}$의 부분공간이 아니다. 9차원 벡터공간 $\mathcal{M}$의 두 6차원 부분공간 $\mathcal{S}$와 $\mathcal{U}$의 합집합은 벡터공간이 될 수 없다. 벡터공간이 되려면 더 채워 넣어야 한다. 따라서 이 것 대신

$$\mathcal{S} + \mathcal{U} = \{s + u | s \in \mathcal{S}, u \in \mathcal{U}\}$$

를 생각한다.

정리 2.5.2. $\mathcal{S} + \mathcal{U} = \mathcal{M}$.

증명 $\mathcal{S} + \mathcal{U}$는 $\mathcal{M}$의 부분집합으로 두 연산 덧셈과 상수 곱에 대해 닫혀있다. 따라서 $\mathcal{S} + \mathcal{U}$ 는 $\mathcal{M}$의 부분공간이다.

$$\begin{aligned} \dim(\mathcal{S} + \mathcal{U}) &= \dim \mathcal{S} + \dim \mathcal{U} - \dim(\mathcal{S} \cap \mathcal{U}) \\ &= 6 + 6 - 3 \\ &= 9 \end{aligned}$$

이다.

한편 $\dim \mathcal{M} = 9$이므로 $\mathcal{S} + \mathcal{U} = \mathcal{M}$이다. □

2.5.4 연습 문제

문제 2.5.1. 다음 3×3 행렬의 부분집합이 부분공간인지 아닌지 보이시오.

(1) 대각행렬

(2) 축약행사다리꼴 행렬

(3) 행렬식이 영인 행렬

(4) 영공간이 $\begin{bmatrix} 3 \\ 1 \\ 5 \end{bmatrix}$를 포함하는 행렬

(5) 대각합(trace)이 영인 행렬

(6) 계수가 2인 행렬

문제 2.5.2. 다음 행렬의 계수(Rank)와 영공간의 차원(Nullity)을 구하시오.

$$A = \begin{bmatrix} -1 & 2 & 0 & 4 & 5 & -3 \\ 3 & -7 & 2 & 0 & 1 & 4 \\ 2 & -5 & 2 & 4 & 6 & 1 \\ 4 & -9 & 2 & -4 & -4 & 7 \end{bmatrix}$$

문제 2.5.3. 행렬 $A = \begin{bmatrix} 2 & 1 & 0 \\ 1 & -1 & 4 \end{bmatrix}$의

(1) 영공간 $N(A)$의 차원을 구하시오.

(2) 열공간 $C(A)$의 차원을 구하시오.

제 3 장

수직

3.1 수직

§3.1.1에서는 벡터들이 수직이라는 것의 의미가 무엇인지를 정의한다. §3.1.2에서는 이 개념을 확장하여 부분공간들이 수직이라는 것의 의미가 무엇인지에 관해 살펴본다. 부분공간들이 수직이라는 개념은 우리가 일상 생활을 통해 알고 있는 것과 다르다. 제대로 지어진 건물의 벽과 바닥은 수직이어야 하지만 §3.1.2의 정의에 의하면 그렇지 않다. §3.1.3에서 $\mathbb{R}^n$의 부분공간 $R(A)$와 $N(A)$가 수직이고 $\mathbb{R}^m$의 부분공간 $C(A)$와 $N(A^T)$가 수직임을 보인다.

3.1.1 수직인 벡터

직관적으로 평면의 두 벡터 $\boldsymbol{x}, \boldsymbol{y}$가 직각삼각형을 만들 때 수직(perpendicular)이라고 한다. $\boldsymbol{x} + \boldsymbol{y}$가 $\boldsymbol{x}, \boldsymbol{y}$를 두 변으로 하는 직각삼각형의 빗변(hypotenuse)이다. 이 직각삼각형의 성질에 관해서는 고대 그리스 인들이 알고 있었고 유클리드의 원론의 제1권의 마지막 두 명제가 직각삼각형에 관한 것으로 오늘날 피타고라스 정리(Pythagoras theorem)라고 알려져 있다.

직각 또는 두 벡터가 만드는 각을 논하기 위해서는 벡터공간 위에 정의 된 내적이 필요하다. 이 책에서 다루는 벡터공간은 실질적으로 $\mathbb{R}^n$뿐이므로 이 벡터공간 위에 정의 된 내적만을 고려한다. $\mathbb{R}^n$ 위에 정의 된 내적 중 특별히 우리의 직관과 일치하는 유클리드 내적을 이용하여 이론을 전개하는데 이 장에서 설명 된 내용들은 내적이 주어진 임의의 벡터공간으로 자연스럽게 확장할 수 있다.

$\mathbb{R}^n$의 두 벡터 $\boldsymbol{x}$와 $\boldsymbol{y}$의 유클리드 내적(Euclidean inner product) 또는 점내적(dot product)을

$$\boldsymbol{x} \circ \boldsymbol{y} = x_1y_1 + x_2y_2 + \cdots + x_ny_n, \quad \boldsymbol{x}, \boldsymbol{y} \in \mathbb{R}^n \tag{3.1}$$

로 정의한다. 이 내적은 선험적인 것으로 신이 준(God given) 내적이라고 한다. 앞으로 이 책에서 내적이라함은 벡터공간 $\mathbb{R}^n$ 위에 주어진 유클리드 내적을 말한다.

$\mathbb{R}^n$의 두 벡터 $\boldsymbol{x}$와 $\boldsymbol{y}$를 $n \times 1$ 행렬로 보았을 때 $1 \times n$ 행렬 $\boldsymbol{x}^T$와 $n \times 1$ 행렬 $\boldsymbol{y}$의 곱은 잘 정의되고 곱한 결과는 1×1 행렬, 즉 실수로

$$\boldsymbol{x} \circ \boldsymbol{y} = \boldsymbol{x}^T \cdot \boldsymbol{y} \tag{3.2}$$

이다.

벡터공간 $\mathbb{R}^n$ 위에 주어진 유클리드 내적은 다음 성질들을 만족한다.

정리 3.1.1. $\boldsymbol{x}, \boldsymbol{y}, \boldsymbol{z} \in \mathbb{R}^n$이고 $c \in \mathbb{R}$일 때, $\mathbb{R}^n$ 위의 내적 $\circ$는 다음 성질들을 만족한다.

(1) $\boldsymbol{x} \circ \boldsymbol{x} \geq 0$이고 $\boldsymbol{x} \circ \boldsymbol{x} = 0$인 경우는 $\boldsymbol{x} = \boldsymbol{0}$인 경우뿐이다.

(2) $\boldsymbol{x} \circ \boldsymbol{y} = \boldsymbol{y} \circ \boldsymbol{x}$

(3) $(\boldsymbol{x} + \boldsymbol{y}) \circ \boldsymbol{z} = \boldsymbol{x} \circ \boldsymbol{z} + \boldsymbol{y} \circ \boldsymbol{z}$

(4) $c(\boldsymbol{x} \circ \boldsymbol{y}) = (c\boldsymbol{x}) \circ \boldsymbol{y} = \boldsymbol{x} \circ (c\boldsymbol{y})$

증명 (3.1)나 (3.2)를 이용하여 직접 계산하여 위 성질들을 보일 수 있다. □

임의의 벡터공간 V에 정의된 연산이 정리 3.1.1의 성질 (1)–(4)를 만족할 때 이 연산을 내적(inner product)이라고 하고 보통 $\circ$ 대신 $\langle , \rangle$로 표기한다.

벡터공간 $\mathbb{R}^n$ 위에 주어진 유클리드 내적 $\circ$를 이용하여 $\mathbb{R}^n$ 위의 길이(length, norm)를

$$\|\boldsymbol{x}\| = \sqrt{\boldsymbol{x} \circ \boldsymbol{x}}, \quad \boldsymbol{x} \in \mathbb{R}^n \tag{3.3}$$

로 정의할 수 있다. 이 길이를 유클리드 길이 또는 유클리드 놈이라고 한다. 여기서

$$\boldsymbol{x} \circ \boldsymbol{x} = \boldsymbol{x}^T \cdot \boldsymbol{x} = {x_1}^2 + {x_2}^2 + \cdots + {x_n}^2 \geq 0$$

이므로 (3.3)이 잘 정의된다.

벡터공간 $\mathbb{R}^n$ 위에 주어진 유클리드 길이는 다음 성질들을 만족한다.

정리 3.1.2. $\boldsymbol{x}, \boldsymbol{y} \in \mathbb{R}^n$이고 $c \in \mathbb{R}$일 때, $\mathbb{R}^n$ 위의 길이는 다음 성질들을 만족한다.

(1) $\|\boldsymbol{x}\| \geq 0$이고 $\|\boldsymbol{x}\| = 0$인 경우는 $\boldsymbol{x} = \boldsymbol{0}$인 경우뿐이다.

(2) $\|c\boldsymbol{x}\| = |c|\|\boldsymbol{x}\|$

(3) $\|\boldsymbol{x} + \boldsymbol{y}\| \leq \|\boldsymbol{x}\| + \|\boldsymbol{y}\|$

증명 (3.1)나 (3.2)와 (3.3)를 이용하여 직접 계산하여 위 성질들을 보일 수 있다. □

임의의 벡터공간 V에 정의된 $\|\cdot\|$이 정리 3.1.2의 성질 (1)–(3)을 만족할 때 이 것을 길이(length, norm)이라고 한다.

정의 3.1.1. $\mathbb{R}^n$의 두 벡터 $\boldsymbol{x}$와 $\boldsymbol{y}$가

$$\boldsymbol{x} \circ \boldsymbol{y} = 0 \tag{3.4}$$

을 만족할 때 $\boldsymbol{x}$와 $\boldsymbol{y}$가 수직이라고 한다.

영벡터는 이 정의에 의해서 모든 벡터와 수직이다.

정리 3.1.3 (피타고라스 정리)**.** $\boldsymbol{x}$와 $\boldsymbol{y}$가 수직일 필요충분 조건은

$$\|\boldsymbol{x}\|^2 + \|\boldsymbol{y}\|^2 = \|\boldsymbol{x} + \boldsymbol{y}\|^2 \tag{3.5}$$

인 것이다.

증명 (3.5) $\Longrightarrow$ (3.4)의 증명

$$\begin{aligned}\boldsymbol{x}^T \cdot \boldsymbol{x} + \boldsymbol{y}^T \cdot \boldsymbol{y} &= (\boldsymbol{x} + \boldsymbol{y})^T \cdot (\boldsymbol{x} + \boldsymbol{y}) \\ &= \boldsymbol{x}^T \cdot \boldsymbol{x} + \boldsymbol{x}^T \cdot \boldsymbol{y} + \boldsymbol{y}^T \cdot \boldsymbol{x} + \boldsymbol{y}^T \cdot \boldsymbol{y}.\end{aligned}$$

즉,

$$\begin{aligned}\boldsymbol{x}^T \cdot \boldsymbol{y} + \boldsymbol{y}^T \cdot \boldsymbol{x} &= 0 \\ \boldsymbol{x}^T \cdot \boldsymbol{y} + (\boldsymbol{x}^T \cdot \boldsymbol{y})^T &= 0.\end{aligned}$$

여기서 $\boldsymbol{x}^T \cdot \boldsymbol{y}$는 1×1 행렬이므로 $(\boldsymbol{x}^T \cdot \boldsymbol{y})^T = \boldsymbol{x}^T \cdot \boldsymbol{y}$이다. 따라서

$$\boldsymbol{x}^T \cdot \boldsymbol{y} = 0$$

이다.

(3.4) $\Longrightarrow$ (3.5)의 증명은 위 증명의 아래에서 위로 따라 올라가면 된다. □

보기 3.1.1. $\boldsymbol{x} = \begin{bmatrix} 1 \\ 2 \\ 3 \end{bmatrix}$의 길이의 제곱은 $\|\boldsymbol{x}\|^2 = 1^2 + 2^2 + 3^2 = 14$이다.

이 $\boldsymbol{x}$에 수직인 벡터를 구해보자. $\boldsymbol{y} = \begin{bmatrix} 2 \\ -1 \\ 0 \end{bmatrix}$라고 하면

$$\boldsymbol{x}^T \cdot \boldsymbol{y} = 1 \cdot 2 + 2 \cdot (-1) + 3 \cdot 0 = 0$$

이다.

한 편 $\boldsymbol{x} + \boldsymbol{y} = \begin{bmatrix} 3 \\ 1 \\ 3 \end{bmatrix}$이고

$$\|\boldsymbol{y}\|^2 = 2^2 + (-1)^2 + 0^2 = 5,$$
$$\|\boldsymbol{x} + \boldsymbol{y}\|^2 = 3^2 + 1^2 + 3^2 = 19$$

이므로 $\|\boldsymbol{x}\|^2 + \|\boldsymbol{y}\|^2 = \|\boldsymbol{x} + \boldsymbol{y}\|^2$이 성립한다.

3.1.2 수직인 부분공간

정의 3.1.2. 두 부분공간 S와 T에 대해서 S의 모든 벡터가 T의 모든 벡터와 수직일 때 S에 T가 수직이라고 한다.

제대로 지어진 건물의 바닥과 벽은 정의 3.1.2에 의하면 수직이 아니다. 바

닥과 벽의 공통 부분에 있는 영이 아닌 벡터 $\boldsymbol{u}$를 바닥과 벽의 벡터라고 하면 $\boldsymbol{u}^T \cdot \boldsymbol{u} > 0$이므로 바닥과 벽은 수직이 아니다. 정의 3.1.2는 우리가 가지고 있는 수직에 대한 상식과 어긋나지만 수학적으로는 이렇게 정의하는 것이 당연하다.

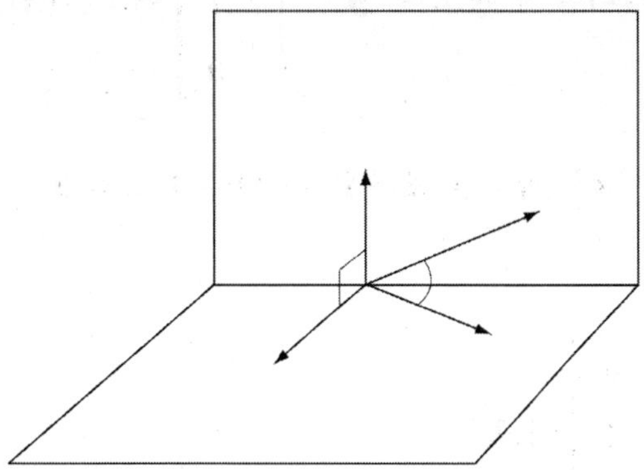

그림 3.1: 건물의 바닥과 벽

> 일반적으로 두 부분공간이 수직이기 위해서는 두 부분공간의 교집합이 영벡터 뿐이어야 한다.

두 부분공간의 교집합에 영벡터가 아닌 $\boldsymbol{u}$가 존재한다면 $\boldsymbol{u}^T \cdot \boldsymbol{u} > 0$이므로 두 부분공간은 수직이 아니다.

보기 3.1.2. $\mathbb{R}^2$의 부분공간은 $Z = \{0\}$, 원점을 지나는 직선 l, $\mathbb{R}^2$ 뿐이다. Z는 $Z, l, \mathbb{R}^2$와 수직이다. l과 $\mathbb{R}^2$는 교집합 l에 영이 아닌 벡터가 있기 때문에 수직일 수 없다. 원점을 지나는 두 직선은 두 직선이 이루는 각이 90도일 때 수직이다.

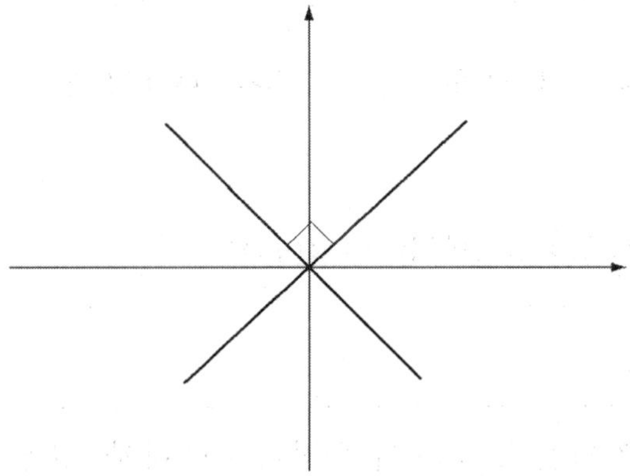

그림 3.2: $\mathbb{R}^2$의 부분공간의 수직

3.1.3 행공간과 영공간의 수직 관계

$m \times n$ 행렬 A의 행공간 $R(A)$와 영공간 $N(A)$는 $\mathbb{R}^n$의 부분공간이고

$$n = \dim R(A) + \dim N(A)$$

임을 알고 있다. 즉, $\mathbb{R}^n$의 두 부분공간 $R(A)$와 $N(A)$의 차원의 합이 전체 벡터 공간의 차원과 같다. 더나아가

정리 3.1.4. $R(A)$와 $N(A)$가 수직이다.

증명 연립일차방정식 $A\boldsymbol{x} = 0$를

$$\begin{bmatrix} - & row_1(A) & - \\ - & row_2(A) & - \\ - & \vdots & - \\ - & row_m(A) & - \end{bmatrix} \begin{bmatrix} x_1 \\ x_2 \\ \vdots \\ x_n \end{bmatrix} = \begin{bmatrix} 0 \\ 0 \\ \vdots \\ 0 \end{bmatrix}$$

로 쓸 수 있다. 따라서 $\boldsymbol{x} \in N(A)$이면 $\boldsymbol{x}$는 A의 모든 행과 수직이다. $R(A)$는 A의 행의 일차결합의 집합이므로 $N(A)$는 $R(A)$와 수직이다. □

$C(A) = R(A^T)$이므로 정리를 A^T에 적용하면 다음을 얻을 수 있다.

따름정리 3.1.5. $C(A)$와 $N(A^T)$는 수직이다.

> $\mathbb{R}^3$의 원점을 지나는 두 직선이 수직이라고 하자. 그러면 $R(A)$와 $N(A)$가 각각 이 두 직선인 2×3행렬 A가 존재할까?

정리 3.1.4에 의해

$$3 = \dim N(A) + \dim R(A)$$

이어야 하므로 이런 행렬 A는 존재하지 않는다.

보기 3.1.3. 행공간의 차원이 1인 2×3 행렬 $A = \begin{bmatrix} 1 & 2 & 5 \\ 2 & 4 & 10 \end{bmatrix}$를 생각해 보자. $n = 3$이고 행렬 A의 계수는 $r = 1$이다. $\dim N(A) = n - r = 2$이므로 $N(A)$가 $\mathbb{R}^3$의 2차원 부분공간임을 알았는데 그러면 $N(A)$의 실체는 무엇인가?

$$\boldsymbol{x} = \begin{bmatrix} x_1 \\ x_2 \\ x_3 \end{bmatrix} \in N(A) \iff \begin{bmatrix} 1 & 2 & 5 \end{bmatrix} \begin{bmatrix} x_1 \\ x_2 \\ x_3 \end{bmatrix} = 0$$

이므로 $\boldsymbol{x} \in N(A)$는 $\begin{bmatrix} 1 \\ 2 \\ 5 \end{bmatrix}$에 수직이다. 따라서 $N(A)$는 $\begin{bmatrix} 1 \\ 2 \\ 5 \end{bmatrix}$에 수직인 평면이다.

$\mathbb{R}^n$의 두 부분공간 $N(A)$와 $R(A)$는 서로 수직이고

$$\dim \mathbb{R}^n = \dim N(A) + \dim R(A)$$

일뿐 아니라 $N(A)$와 $R(A)$는 서로 수직이고이므로 서로를 수직보공간(orthogonal complement)이라고 한다. $\mathbb{R}^n$의 두 부분공간 $N(A)$와 $R(A)$는 서로 수직이라는 사실을 두 번째 선형대수의 기본정리(fundamental theorem of linear algebra)라고 할 수 있다.

3.1.4 $Ax = b$의 해가 존재하지 않는 경우

비동차 연립일차방정식 $Ax = b$의 해가 존재하지 않는 경우 방정식을 변형하여 해가 존재하도록 해보자.

44060자수 행렬 A의 크기가 $m \times n, m > n$인 경우를 생각해 보자. 이때 방정식의 개수 m이 미지수의 개수 n보다 크기 때문에 방정식의 해가 존재하지 않을 가능성이 많다. 행렬 A의 계수 r은 커 봐야 n이므로 $r = m$일 수는 없다. 따라서 $Ax = b$의 해가 존재하지 않는 b가 많이 있다.

우주 공간의 인공위성의 위치를 결정하기 위하여 수천 가지의 측정을 할 수 있다. 즉, 수천 개의 방정식이 생기는데 위치를 결정하는 매개변수의 개수는 몇 개(약 6개 정도)뿐이다. 그러나 수천 가지의 측정에 잡음(noise)이 끼어들게 되고 이것들이 우변 b에 나타는데 우변 b에서 쓰레기 같은 잡음을 분리한 방정식의 해이어야만 의미가 있게 된다.

잡음을 분리하는 방법 중의 하나는 행렬이 가역 정사각행렬이 될 때까지 방정식을 버리는 것인데 이 방법은 만족스럽지 않다. 어떤 측정은 완벽하고 어떤 측정은 쓸모 없는 것인지의 구분이 없다. 따라서 최선의 정보를 얻기 위하여 일단 모든 측정을 사용하자.

방정식의 개수가 미지수의 개수보다 크기 때문에 행렬 A는 아래로 긴 직사각형이다. 소거법을 이용하여 $A\boldsymbol{x} = \boldsymbol{b}$의 해가 존재하는지 아닌 지를 판별할 수 있는데 여기에서는 해가 존재하지 않는 경우에 관심이 있다.

행렬 A^TA는 $n \times n$ 정사각행렬이고

$$(A^TA)^T = A^T(A^T)^T = A^TA$$

이므로 A^TA는 대칭행렬이다.

이제 다음 문제를 생각해 볼 수 있다.

> A^TA가 가역행렬인가? A^TA가 가역행렬이 아닌 경우 A^TA의 영공간 $N(A^TA)$는 무엇인가?

방정식 $A\boldsymbol{x} = \boldsymbol{b}$ 대신 $A^TA\boldsymbol{x} = A^T\boldsymbol{b}$를 생각해 보자. 미지수에 다른 이름을 붙여 새로 얻은 방정식을 $A^TA\hat{\boldsymbol{x}} = A^T\boldsymbol{b}$라고 하자. 이 방정식의 해가 원래 방정식의 '가장 좋은 해'가 된다. 뒤에 '가장 좋은 해'의 의미를 설명한다. 이 방정식은 $A\boldsymbol{x} = \boldsymbol{b}$의 해가 존재하지 않더라도 해가 존재할 가능성이 있다. 예를 들어 대칭행렬 A^TA가 가역일 경우 해가 유일하게 존재한다. 이런 예를 하나 들어보자.

보기 3.1.4. $A = \begin{bmatrix} 1 & 1 \\ 1 & 2 \\ 1 & 5 \end{bmatrix}$일 때 $m = 3 > n = 2, r = 2$이다.

$$\left[\begin{array}{cc|c} 1 & 1 & b_1 \\ 1 & 2 & b_2 \\ 1 & 5 & b_3 \end{array}\right] \rightarrow \left[\begin{array}{cc|r} 1 & 1 & b_1 \\ 0 & 1 & b_2 - b_1 \\ 0 & 4 & b_3 - b_1 \end{array}\right] \rightarrow \left[\begin{array}{cc|r} 1 & 1 & b_1 \\ 0 & 1 & b_2 - b_1 \\ 0 & 0 & b_3 - 4b_2 + 3b_1 \end{array}\right]$$

따라서 $b_3 - 4b_2 + 3b_1 = 0$인 경우에만 $A\boldsymbol{x} = \boldsymbol{b}$의 해가 존재한다.

$A\boldsymbol{x} = \boldsymbol{b}$의 해가 존재하려면 $b \in C(A)$이어야 하는데 그렇지 않은 경우가 대부분이다.

$$A^T A = \begin{bmatrix} 1 & 1 & 1 \\ 1 & 2 & 5 \end{bmatrix} \begin{bmatrix} 1 & 1 \\ 1 & 2 \\ 1 & 5 \end{bmatrix} = \begin{bmatrix} 3 & 8 \\ 8 & 30 \end{bmatrix}$$

는 가역행렬이다.[1] 이 경우 $\boldsymbol{b}$에 관계없이 $(A^T A)\boldsymbol{x} = A^T\boldsymbol{b}$의 해가 존재한다.

일반적으로 보기 3.1.5에서 보는 것 처럼 $A^T A$가 가역행렬일 필요는 없다.

보기 3.1.5. $A = \begin{bmatrix} 1 & 3 \\ 1 & 3 \\ 1 & 3 \end{bmatrix}$인 경우

$$A^T A = \begin{bmatrix} 1 & 1 & 1 \\ 3 & 3 & 3 \end{bmatrix} \begin{bmatrix} 1 & 3 \\ 1 & 3 \\ 1 & 3 \end{bmatrix} = \begin{bmatrix} 3 & 9 \\ 9 & 27 \end{bmatrix}$$

은 계수가 1이고 비가역행렬이다.

보기 3.1.4와 보기 3.1.5의 행렬의 차이는 보기 3.1.4의 행렬의 열벡터가 일차독립임에 반하여 보기 3.1.5의 행렬의 열벡터는 일차종속이라는 점이다. 일반적으로 계수가 1인 두 행렬을 곱한 행렬의 계수가 1보다 클 수가 없다. 따라서 보기의 행렬 A의 $A^T A$의 계수가 1인 것이 놀라운 사실이 아니다.

[1] $(3,8)$의 상수배로 $(8,30)$을 만들 수 없으므로.

3.1.5 연습 문제

문제 3.1.1.

$$A = \begin{bmatrix} 2 & 2 & -1 & 0 & 1 \\ -1 & -1 & 2 & -3 & 1 \\ 1 & 1 & -2 & 0 & -1 \\ 0 & 0 & 1 & 1 & 1 \end{bmatrix}$$

일 때

(1) 동차 일차연립일차방정식 $A\boldsymbol{x} = \mathbf{0}$의 해를 구하시오.

(2) 행렬 A의 영공간의 기저를 구하시오.

(3) 행렬 A의 영공간의 수직보공간의 기저를 구하시오.

문제 3.1.2. 닫힌 구간 $[a, b]$에서 연속인 함수의 집합 $\mathcal{C}[a, b]$ 위에

$$\langle f, g \rangle = \int_a^b f(x)g(x)dx$$

로 정의 된 $\langle , \rangle$이 내적임을 보이시오.

문제 3.1.3. $\begin{bmatrix} x \\ y \\ x+y \end{bmatrix}$ 꼴의 벡터로 이루어진 부분공간의 수직보공간을 구하시오.

3.2 수직 사영

이 절은 수직 사영에 대한 절이다.

3.2.1 수직 사영

$\boldsymbol{a} \neq \mathbf{0}$와 $\boldsymbol{b}$가 $\mathbb{R}^2$의 두 벡터일 때 $\boldsymbol{b}$를 $\boldsymbol{a}$로 사영하여 보자. $\boldsymbol{a}$를 포함하는 직선 위의 벡터로 $\boldsymbol{b}$와 가장 가까운 벡터를 $\boldsymbol{p}$라고 하면 오차를 나타내는 벡터 $\boldsymbol{e} = \boldsymbol{b} - \boldsymbol{p}$가 $\boldsymbol{a}$와 수직이다.

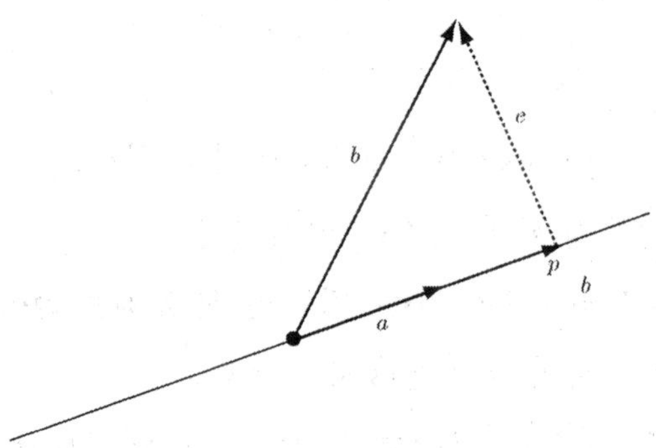

그림 3.3: 직선으로의 수직사영

$\boldsymbol{p}$가 $\boldsymbol{a}$를 포함하는 직선 위에 있으므로 $\boldsymbol{p} = x\boldsymbol{a}$이고 x를 결정하면 $\boldsymbol{p}$가 정해진다. $\boldsymbol{a}$와 $\boldsymbol{e}$가 수직이므로 $\boldsymbol{a}^T \cdot \boldsymbol{e} = 0$이다. 즉,

$$\boldsymbol{a}^T \cdot (\boldsymbol{b} - x\boldsymbol{a}) = 0$$

이다. 따라서

$$x = \frac{\boldsymbol{a}^T \boldsymbol{b}}{\boldsymbol{a}^T \boldsymbol{a}}$$

이고

$$\boldsymbol{p} = x\boldsymbol{a} = \frac{\boldsymbol{a}^T\boldsymbol{b}}{\boldsymbol{a}^T\boldsymbol{a}}\boldsymbol{a} = \boldsymbol{a}\frac{\boldsymbol{a}^T\boldsymbol{b}}{\boldsymbol{a}^T\boldsymbol{a}} = Pb$$

이다. 이 $\boldsymbol{p}$를 $\boldsymbol{b}$의 $\boldsymbol{a}$로의 수직사영(orthogonal projection) 또는 간단히 사영(projection)이라고 하고 2×2 행렬

$$P = \frac{\boldsymbol{a}\boldsymbol{a}^T}{\boldsymbol{a}^T\boldsymbol{a}} \tag{3.6}$$

를 $\boldsymbol{a}$로의 사영행렬(projection matrix)이라고 한다.

지금부터 이 사영행렬 P의 성질을 알아보자.

(1) 사영의 정의에 의해 $\boldsymbol{b}$가 $2\boldsymbol{b}$로 바뀌면 사영 $\boldsymbol{p}$는 $2\boldsymbol{p}$로 바뀐다. 반면에 $\boldsymbol{a}$가 $2\boldsymbol{a}$로 바뀌어도 $\boldsymbol{b}$의 사영 $\boldsymbol{p}$는 변하지 않는다.

(2) 사영행렬 P의 계수를 구해보자. $P = \frac{\boldsymbol{a}\boldsymbol{a}^T}{\boldsymbol{a}^T\boldsymbol{a}}$이므로 P의 계수는 1이고 P의 행공간 $R(P)$는 $\boldsymbol{a}$를 포함하는 직선이다.

(3) 사영행렬 P는

$$P^T = \left(\frac{\boldsymbol{a}\boldsymbol{a}^T}{\boldsymbol{a}^T\boldsymbol{a}}\right)^T = \frac{(\boldsymbol{a}^T)^T\boldsymbol{a}^T}{\boldsymbol{a}^T(\boldsymbol{a}^T)^T} = \frac{\boldsymbol{a}\boldsymbol{a}^T}{\boldsymbol{a}^T\boldsymbol{a}} = P$$

이므로 대칭행렬이다.

(4) 사영을 두 번 하면 어떻게 되나? 직관적으로 한 번 사영한 것을 다시 사영하면 한 번 사영한 것과 같다. 직접 계산해 보면

$$P^2 = \frac{\boldsymbol{a}\boldsymbol{a}^T}{\boldsymbol{a}^T\boldsymbol{a}} \cdot \frac{\boldsymbol{a}\boldsymbol{a}^T}{\boldsymbol{a}^T\boldsymbol{a}} = \frac{\boldsymbol{a}(\boldsymbol{a}^T\boldsymbol{a})\boldsymbol{a}^T}{(\boldsymbol{a}^T\boldsymbol{a})^2} = \frac{\boldsymbol{a}\boldsymbol{a}^T}{\boldsymbol{a}^T\boldsymbol{a}} = P$$

이다.

3.2.2 평면으로의 사영

여기서 왜 사영을 생각하는지 잠깐 생각해보자. 이 문제에 대한 답은 이미 §3.1에서 살펴본 사실인데, $A\boldsymbol{x} = \boldsymbol{b}$의 해가 존재하지 않더라도 $\boldsymbol{p}$를 $\boldsymbol{b}$의 행렬 A의 열공간 $C(A)$로의 수직사영이라고 하면 $A\hat{\boldsymbol{x}} = \boldsymbol{p}$의 해가 존재하게 된다. 따라서 2차원 이상인 부분공간으로의 사영을 생각해야 한다.

$\boldsymbol{b}$를 $\boldsymbol{a}_1, \boldsymbol{a}_2$를 포함하는 평면, 즉, Span $\{\boldsymbol{a}_1, \boldsymbol{a}_2\}$으로 수직사영을 내리면

$$\boldsymbol{p} = \hat{x}_1\boldsymbol{a}_1 + \hat{x}_2\boldsymbol{a}_2 = A\hat{\boldsymbol{x}}$$

으로 쓸 수 있다. 여기서 $A = \begin{bmatrix} | & | \\ \boldsymbol{a}_1 & \boldsymbol{a}_2 \\ | & | \end{bmatrix}$이고 $\hat{\boldsymbol{x}} = \begin{bmatrix} \hat{x}_1 \\ \hat{x}_2 \end{bmatrix}$이다.

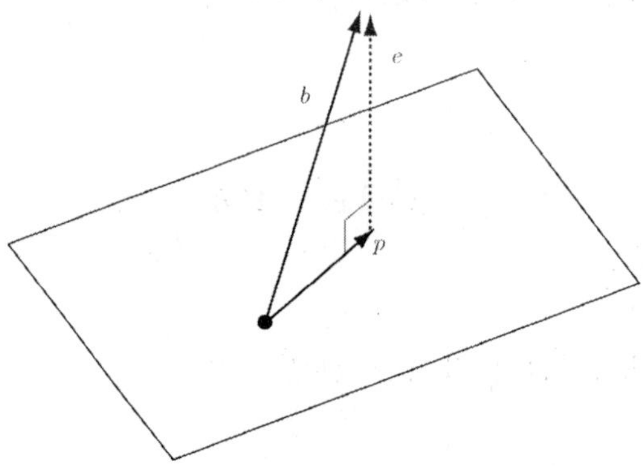

그림 3.4: 평면으로의 수직사영

$\boldsymbol{e} = \boldsymbol{b} - \boldsymbol{p}$라고 하면 $\boldsymbol{e}$는 $\boldsymbol{a}_1$과 $\boldsymbol{a}_2$가 생성하는 평면에 수직이므로 $\boldsymbol{a}_1$과 $\boldsymbol{a}_2$에 수직이다. 따라서 $\boldsymbol{p} = A\hat{\boldsymbol{x}}$이라고 하면

$$\boldsymbol{a}_1^T(\boldsymbol{b} - A\hat{\boldsymbol{x}}) = 0,$$
$$\boldsymbol{a}_2^T(\boldsymbol{b} - A\hat{\boldsymbol{x}}) = 0.$$

이 식을 행렬을 이용하여 표기하면

$$\begin{bmatrix} - & \boldsymbol{a}_1{}^T & - \\ - & \boldsymbol{a}_2{}^T & - \end{bmatrix} (\boldsymbol{b} - A\hat{\boldsymbol{x}}) = \begin{bmatrix} 0 \\ 0 \end{bmatrix} \tag{3.7}$$

이다. 따라서

$$A^T(\boldsymbol{b} - A\hat{\boldsymbol{x}}) = 0 \tag{3.8}$$

이다. 즉,

$$\boldsymbol{e} = \boldsymbol{b} - A\hat{\boldsymbol{x}} \in N(A^T)$$

이다.

$N(A^T)$는 $\mathbb{R}^m$의 부분공간으로 $C(A)$와 수직임을 알고 있다. $C(A) = R(A^T)$임을 고려하면 이 사실이 바로 (3.2.2)을 의미한다.

이제 (3.8)을

$$A^T A\hat{\boldsymbol{x}} = A^T\boldsymbol{b}$$

로 쓸 수 있다.

만약 정사각 행렬 A^TA가 가역일 경우

$$\hat{\boldsymbol{x}} = (A^TA)^{-1}A^T\boldsymbol{b}$$

이고

$$\boldsymbol{p} = A\hat{\boldsymbol{x}} = A(A^TA)^{-1}A^T\boldsymbol{b}$$

이므로 사영행렬(projection matrix)을

$$P = A(A^TA)^{-1}A^T \tag{3.9}$$

로 정의 할 수 있다.

마지막으로 1차원 부분공간으로의 수직사영으로 돌아가 보자. 이 경우 A는 벡터 $\boldsymbol{a}$이고 $A^TA = \boldsymbol{a}^T\boldsymbol{a}$는 실수이다. 따라서

$$P = A(A^TA)^{-1}A^T = \frac{\boldsymbol{a}\boldsymbol{a}^T}{\boldsymbol{a}^T\boldsymbol{a}}$$

이다. 즉, 사영행렬 (3.9)는 (3.6)의 2차원으로의 확장이다.

그런데 여기서

$$A(A^TA)^{-1}A^T = AA^{-1}(A^T)^{-1}A^T = I$$

라고 하면 무엇이 잘못된 것인가?

여기서 일반적으로 행렬 A가 정사각행렬일 필요는 없음에 유의해야 한다. 만약 A가 정사각행렬로 가역행렬인 경우 $C(A) = \mathbb{R}^m$이고 위 계산에 의해 $P = I$이다. 이 경우는 수직사영이 전체 공간으로의 수직사영이다. 따라서 $P\boldsymbol{b} = \boldsymbol{b}$, 즉, $P = I$일 수 밖에 없다.

정리 3.2.1. 여기서 구한 사영행렬 $P = A(A^TA)^{-1}A^T$는

$$P^T = P, \tag{3.10}$$

$$P^2 = P \tag{3.11}$$

를 만족한다.

증명 P의 정의를 이용하여 계산하면

$$\begin{aligned} P^T &= (A(A^TA)^{-1}A^T)^T \\ &= (A^T)^T((A^TA)^{-1})^TA^T \\ &= A((A^TA)^T)^{-1}A^T \\ &= A(A^TA)^{-1}A^T = P, \\ P^2 &= (A(A^TA)^{-1}A^T)(A(A^TA)^{-1}A^T) \\ &= A(A^TA)^{-1}(A^TA)(A^TA)^{-1}A^T \\ &= A(A^TA)^{-1}A^T = P \end{aligned}$$

이다. □

일반적으로 (3.10)와 (3.11)를 만족하는 행렬을 사영행렬이라고 한다.

3.2.3 열공간으로의 수직사영

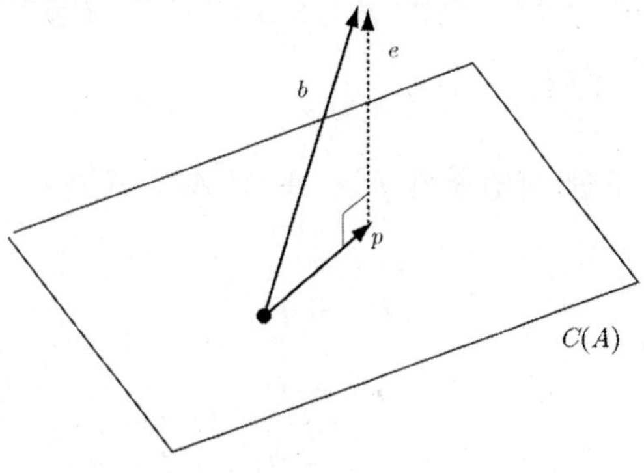

그림 3.5: 열공간으로의 수직사영

§3.2.2에서 평면으로의 사영을 정의하고 사영행렬 (3.9)를 구하였다. 그 과정은 평면뿐만 아니라 임의의 차원의 부분공간으로 자연스럽게 확장할 수 있다. 여기서는 벡터 $\boldsymbol{b}$를 행렬 A의 열공간 $C(A)$로의 수직사영을 내린다고 하고 다음과 같은 두 극단의 경우 이 벡터의 수직사영을 생각해 보자.

$\boldsymbol{b} \in C(A)$인 경우: 사영을 내리려고 하는 벡터 $\boldsymbol{b}$가 사영을 내리는 공간 $C(A)$에 있으므로 $\boldsymbol{b}$의 사영도 $\boldsymbol{b}$가 되리라 짐작할 수 있다. 사영행렬 $P = A(A^TA)^{-1}A^T$를 이용하면 $\boldsymbol{b} = A\boldsymbol{x}$이므로

$$P\boldsymbol{b} = A(A^TA)^{-1}A^T(Ax) = A\boldsymbol{x} = \boldsymbol{b}$$

이다.

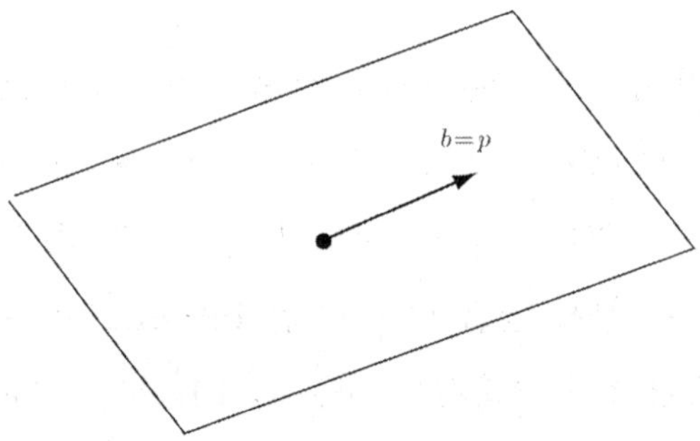

그림 3.6: $\boldsymbol{b} \in C(A)$인 경우

$\boldsymbol{b}$가 $C(A)$에 수직인 경우: 직관적으로 $\boldsymbol{b}$의 $C(A)$로의 수직사영은 $\mathbf{0}$이다. 즉, $P\boldsymbol{b} = \mathbf{0}$이라고 짐작된다. $\boldsymbol{b}$가 $C(A)$에 수직이면 $\boldsymbol{b} \in N(A^T)$이다. 즉, $A^T\boldsymbol{b} = \mathbf{0}$이고

$$P\boldsymbol{b} = A(A^TA)^{-1}A^T\boldsymbol{b} = A(A^TA)^{-1}\mathbf{0} = \mathbf{0}$$

이다.

이 두 극단적인 경우를 종합하여 다음과 같은 결론을 얻을 수 있다.

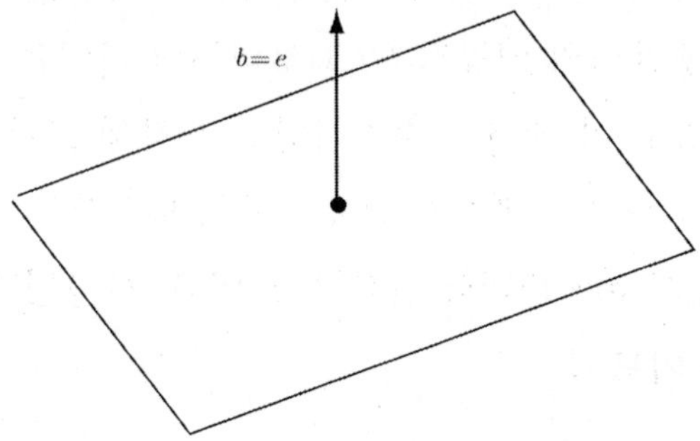

그림 3.7: $\boldsymbol{b}$가 $C(A)$에 수직인 경우

임의의 벡터는 열공간 성분과 열공간에 수직인 성분의 합으로 표시할 수 있는데 사영에 의해 열공간 성분은 보존되고 열공간에 수직인 성분은 영이 된다.

지금까지 $C(A)$에 수직인 부분공간으로의 사영을 생각했는데 이제 $C(A)$에 수직인 부분공간 $N(A^T)$로의 사영을 생각해 보자. $\boldsymbol{b} = \boldsymbol{p} + \boldsymbol{e}$인데 $\boldsymbol{p} = P\boldsymbol{b}$이고 $\boldsymbol{e} = (I - P)\boldsymbol{b}$로 쓸 수 있다. 여기서 $\boldsymbol{e}$도 $\boldsymbol{b}$의 A의 왼쪽-영공간 $N(A^T)$으로의 사영이라고 생각할 수 있다. 행렬 $(I - P)$는 $\boldsymbol{b}$를 $\boldsymbol{e}$로 내리는 사영행렬이다. 이 행렬 $(I - P)$도 사영행렬이 만족해야 하는 (3.10)와 (3.11)을 만족한다.

증명 직접 계산하면

$$(I - P)^T = I^T - P^T = I - P,$$
$$(I - P)^2 = I^2 - IP - PI + P^2 = I - 2P + P = I - P$$

이다. □

즉, $(I - P)$도 P와 마찬가지로 사영행렬이라고 볼 수 있다. 이 사영은 $\boldsymbol{b}$의 $C(A)$에 수직인 부분공간 $N(A^T)$로의 사영이다.

3.2.4 A^TA가 가역행렬인 경우

지금까지 A^TA가 가역임을 가정하고 사영행렬을 계산했다. 그러면 언제 A^TA가 가역일까?

정리 3.2.2. 행렬 A의 열들이 일차독립이면, 행렬 A^TA가 가역행렬이다.

증명 행렬 A^TA가 가역행렬임을 보이기 위해서 $A^TA\boldsymbol{x} = 0$의 해는 자명해 $\boldsymbol{x} = \boldsymbol{0}$ 뿐임을 보이면 된다.

여기에 다음과 같은 비법(trick)을 이용한다. 양 변의 왼쪽에 $\boldsymbol{x}^T$를 곱하면

$$\boldsymbol{x}^T A^T A\boldsymbol{x} = \boldsymbol{x}^T\boldsymbol{0} = \boldsymbol{0}$$

이고 $\boldsymbol{x}^TA^TA\boldsymbol{x} = (A\boldsymbol{x})^TA\boldsymbol{x}$이다. 따라서 $A\boldsymbol{x} = \boldsymbol{0}$이다. 즉,

$$x_1col_1(A) + x_2col_2(A) + \cdots + x_ncol_n(A) = \boldsymbol{0}$$

로 쓸 수 있는데 $col_1(A), col_2(A), \cdots, col_n(A)$이 일차독립이므로

$$x_1 = x_2 = \cdots = x_n = 0$$

이다. □

행렬의 열벡터들이 확실히 일차독립인 경우가 있다. 벡터들이

$$\begin{bmatrix} 1 \\ 0 \\ 0 \end{bmatrix}, \begin{bmatrix} 0 \\ 1 \\ 0 \end{bmatrix}, \begin{bmatrix} 0 \\ 0 \\ 1 \end{bmatrix}$$

처럼 서로 수직이고 길이가 1인 경우이다. 이런 경우 정규(길이가 1) 직교(서로 수직) 벡터라고 하는데 이런 벡터들이 어떤 장점이 있는지, 어떻게 이렇게 만들 수 있는지 §3.4에서 자세히 다룬다.

3.2.5 연습 문제

문제 3.2.1. 영이 아닌 벡터를 지나는 직선으로의 사영행렬의 계수를 구하시오.

문제 3.2.2. '2×2 행렬 A가 영행렬이 아니면 A^TA는 영행렬이 아니다'가 참이면 증명을 하고 거짓이면 반례를 드시오.

문제 3.2.3. 벡터 $\begin{bmatrix} -5 \\ 3 \\ 6 \end{bmatrix}$의 $\begin{bmatrix} -4 \\ -4 \\ 5 \end{bmatrix}$를 포함하는 직선으로의 수직사영을 구하시오.

문제 3.2.4. 벡터 $\begin{bmatrix} 3 \\ -9 \\ 0 \end{bmatrix}$의 두 벡터 $\begin{bmatrix} -4 \\ 2 \\ 2 \end{bmatrix}$, $\begin{bmatrix} -2 \\ 2 \\ 2 \end{bmatrix}$로 생성되는 평면으로의 수직 사영을 구하시오.

문제 3.2.5. $\mathbb{R}^3$의 점 $\begin{bmatrix} -2^{-}17 & -3 \end{bmatrix}$에서 두 벡터 $\begin{bmatrix} 7 \\ -6 \\ -1 \end{bmatrix}$, $\begin{bmatrix} 4 \\ 3 \\ 1 \end{bmatrix}$로 생성되는 평면까지의 거리를 구하시오.

문제 3.2.6. 두 벡터 $\begin{bmatrix} 4 \\ -4 \\ -1 \end{bmatrix}$, $\begin{bmatrix} 3 \\ -5 \\ 1 \end{bmatrix}$의 유클리드 내적을 구하시오.

문제 3.2.7. $\begin{bmatrix} -1 \\ 1 \\ 2 \end{bmatrix}$와 $\begin{bmatrix} 1 \\ -2 \\ 2 \end{bmatrix}$에 수직인 벡터를 구하시오.

문제 3.2.8. 2×2 행렬 A와 B에 대해서

$$\langle A, B \rangle = AB$$

로 정의한 $\langle\,,\rangle$이 내적임을 보이시오.

문제 3.2.9. 벡터공간 $\mathcal{C}[0,1]$에서 정의된 내적

$$\langle f, g \rangle = \int_0^1 f(x)g(x)dx$$

를 이용하여

$$f(x) = 4, \quad g(x) = -4x + 4, \quad h(x) = -3x^2$$

에 그람-슈미트 과정을 수행하여 정규직교화 하시오.

문제 3.2.10. $m \times n$ 행렬 A, B에 대하여

$$\langle A, B \rangle = tr A^T B$$

로 정의한 $\langle , \rangle$이 내적임을 보이시오.

3.3 최소제곱법

3.3.1 최소제곱법과 사영행렬

평면 $\mathbb{R}^2$의 점 몇 개가 주어졌다고 하자. 이 점들이 한 직선에 가까이 놓여있지만 한 직선 위의 점들은 아니라고 할 때 이 점들에 가장 가까이 있는 직선을 구해보자.

예를 들어 $\mathbb{R}^2$의 세 벡터 $\begin{bmatrix} 1 \\ 1 \end{bmatrix}, \begin{bmatrix} 2 \\ 2 \end{bmatrix}, \begin{bmatrix} 3 \\ 2 \end{bmatrix}$를 생각하자. 이 세 점을 지나는 직선을 구할 수 있는가? 첫 두 벡터를 지나는 직선 위에 세 번째 벡터가 있지 않으므로 이런 직선은 존재하지 않는다.

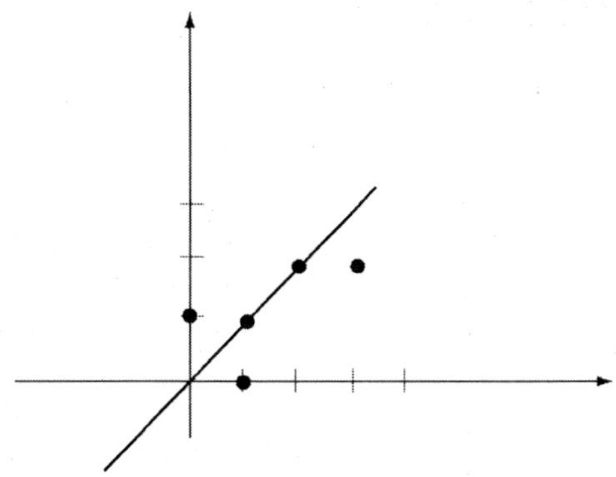

그림 3.8: 두 점을 지나는 직선 위에 있지 않은 점

이 세 벡터를 지나는 직선의 식을

$$y = C + Dx$$

라고 하면

$$C + D = 1,$$
$$C + 2D = 2,$$
$$C + 3D = 2$$

이다. 따라서

$$\begin{bmatrix} 1 & 1 \\ 1 & 2 \\ 1 & 3 \end{bmatrix} \begin{bmatrix} C \\ D \end{bmatrix} = \begin{bmatrix} 1 \\ 2 \\ 2 \end{bmatrix}$$

를 만족하는 C, D를 구해야 한다. 이 방정식을 $A\boldsymbol{x} = \boldsymbol{b}$로 표시하자.

이 경우 이 방정식의 해가 존재하지 않지만 $A^T A$가 가역행렬이어서

$$A^T A\hat{\boldsymbol{x}} = A^T \boldsymbol{b}$$

의 해가 유일하게 존재한다.

$$A^T A = \begin{bmatrix} 1 & 1 & 1 \\ 1 & 2 & 3 \end{bmatrix} \begin{bmatrix} 1 & 1 \\ 1 & 2 \\ 1 & 3 \end{bmatrix} = \begin{bmatrix} 3 & 6 \\ 6 & 14 \end{bmatrix},$$

$$A^T \boldsymbol{b} = \begin{bmatrix} 1 & 1 & 1 \\ 1 & 2 & 3 \end{bmatrix} \begin{bmatrix} 1 \\ 2 \\ 2 \end{bmatrix} = \begin{bmatrix} 5 \\ 11 \end{bmatrix}$$

이므로

$$\hat{\boldsymbol{x}} = \begin{bmatrix} C \\ D \end{bmatrix} = \begin{bmatrix} 2/3 \\ 1/2 \end{bmatrix}$$

가 $A^TA\hat{\boldsymbol{x}} = A^T\boldsymbol{b}$의 유일한 해이고

$$\boldsymbol{p} = A^T\boldsymbol{b} = \begin{bmatrix} 5 \\ 11 \end{bmatrix}$$

$$P = A(A^TA)^{-1}A^T = \begin{bmatrix} 5 & 2 & -1 \\ 2 & 2 & 2 \\ 1 & 4 & 7 \end{bmatrix}$$

이다.

3.3.2 최소제곱법

이제 다시 위의 예로 돌아가자. 여기서 주어진 세 벡터를 지나는 직선이 존재하지 않음을 알았다. 따라서 '가장 좋은' 직선을 하나 선택하여야 한다. '가장 좋다'는 의미는 직선에서 주어진 점들 까지의 총 '오차'가 가장 작다는 것이다. 직선 $y = C + Dx$가 $\mathbb{R}^2$의 세 벡터 $\begin{bmatrix} 1 \\ 1 \end{bmatrix}, \begin{bmatrix} 2 \\ 2 \end{bmatrix}, \begin{bmatrix} 3 \\ 2 \end{bmatrix}$를 지나면 C와 D는

$$\begin{aligned} C + D &= 1 \\ C + 2D &= 2 \\ C + 3D &= 2 \end{aligned}$$

를 만족해야 하는데 이 방정식의 해는 존재하지 않음을 알았다.

따라서 다음으로 할 수 있는 일은 방정식의 '근사해(best solution)'를 구하는 일이다. 이 세 벡터를 직선 $y = C + Dx$로의 수직사영 내렸을 때 오차의 제곱의

합

$$|A\boldsymbol{x} - \boldsymbol{b}|^2 = |\boldsymbol{e}|^2 = e_1^2 + e_2^2 + e_3^2$$

을 최소로(least squares)하는 x를 근사해라고 한다. 여기서 e_1, e_2, e_3는 각 점에서 직선까지의 수직 거리이다.

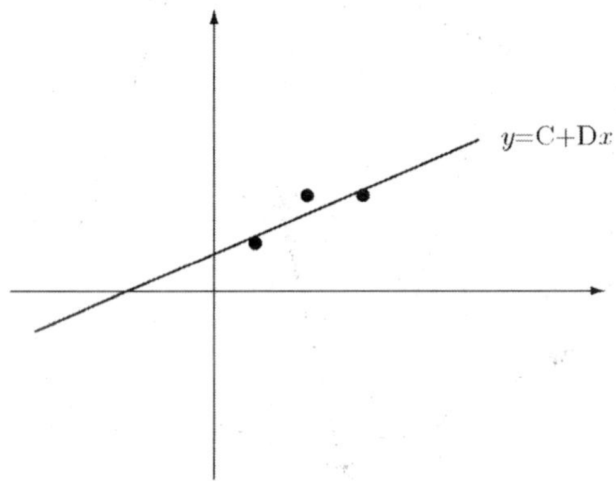

그림 3.9: 최소 제곱법

실제 문제에서 어떤 점은 직선에서 아주 멀리 떨어져 있을 수도 있는데 이런 점을 특이값(outlier)라고 한다. 이 한 점이 문제를 뒤죽박죽 만들 수 있는데 이런 점은 잘못 된 자료일 가능성이 많으므로 구별해낼 필요가 있다.

이제 각 점에서 직선 까지의 높이에 해당하는 p_1, p_2, p_3는 무엇인가?

$\boldsymbol{b} = \begin{bmatrix} 1 \\ 2 \\ 2 \end{bmatrix}$ 대신 $\boldsymbol{p} = \begin{bmatrix} p_1 \\ p_2 \\ p_3 \end{bmatrix}$ 를 이용하면 방정식

$$\begin{aligned} C + D &= p_1 \\ C + 2D &= p_2 \\ C + 3D &= p_3 \end{aligned}$$

의 해를 구할 수 있다.

이제 $A^TA\hat{\boldsymbol{x}} = A^T\boldsymbol{b}$의 해 $\hat{\boldsymbol{x}} = \begin{bmatrix} \hat{C} \\ \hat{D} \end{bmatrix}$과 $\boldsymbol{p} = \begin{bmatrix} p_1 \\ p_2 \\ p_3 \end{bmatrix}$를 구해보자.

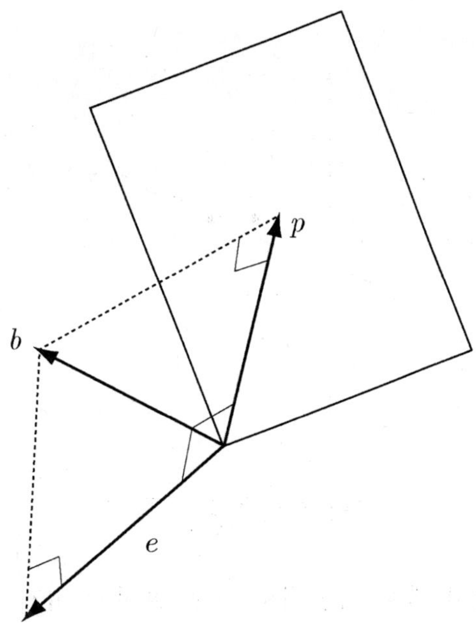

그림 3.10: 수직사영

$$A^TA = \begin{bmatrix} 1 & 1 & 1 \\ 1 & 2 & 3 \end{bmatrix} \begin{bmatrix} 1 & 1 \\ 1 & 2 \\ 1 & 3 \end{bmatrix} = \begin{bmatrix} 3 & 6 \\ 6 & 14 \end{bmatrix}$$

는 당연히 대칭행렬이고 가역행렬이다. 여기에 더하여 §5.4에서 이 행렬이 양의 정부호 행렬임을 보인다.

$$\begin{bmatrix} 1 & 1 & 1 \\ 1 & 2 & 3 \end{bmatrix} \begin{bmatrix} 1 \\ 2 \\ 2 \end{bmatrix} = \begin{bmatrix} 5 \\ 11 \end{bmatrix}$$

이므로 방정식 $A^TA\hat{\boldsymbol{x}} = A^T\boldsymbol{b}$은

$$\begin{aligned} 3C + \ \ 6D &= \ \ 5 \\ 6C + 14D &= 11 \end{aligned} \tag{3.12}$$

이다. 이 방정식을 정규 방정식(normal equation)이라고 한다.

붙임행렬 $\begin{bmatrix} 3 & 6 & 5 \\ 6 & 14 & 11 \end{bmatrix}$에 가우스 소거법을 적용하여 이 방정식의 해를 구할 수 있지만 여기서는 미분적분학의 지식을 이용하여 구해보자. 우리의 목표는

$$|Ax - b|^2 = {e_1}^2 + {e_2}^2 + {e_3}^2 = (C + D - 1)^2 + (C + 2D - 2)^2 + (C + 3D - 2)^2$$

을 최소화 하는 것이다.

이 식을 C와 D에 대한 함수로 생각하여

$$f(C, D) = (C + D - 1)^2 + (C + 2D - 2)^2 + (C + 3D - 2)^2$$

라고 하면 이 함수가 최소가 되는 C와 D에서는 이 식의 C와 D에 대한 편미분이 영이 된다.

$$\begin{aligned} \frac{\partial f}{\partial C} &= 2(3C + 6D - 5) = 0, \\ \frac{\partial f}{\partial D} &= 2(6C + 14D - 11) = 0 \end{aligned}$$

인데 이 식이 (3.12)와 정확히 일치한다.

여기서 제곱한 항들을 편미분 하면 일차식을 얻게 된다는 것이 요점이다. 소거를 하고 후진대입법을 이용하여 방정식의 해를 구하면

$$D = 1/2, \ C = 2/3$$

이다. 따라서 가장 근사한 직선은 $y = 2/3 + 1/2x$이고

$$p_1 = 7/6,\ p_2 = 10/6,\ p_3 = 13/6$$

이고

$$e_1 = -1/6,\ e_2 = 2/6,\ e_3 = -1/6$$

이다.

여기서 $e_1 + e_2 + e_3 = 0$임에 유의해야 한다. 이 사실은 일반적으로 성립하는데 이것이 오차의 제곱의 합을 생각한 이유이다.

$\boldsymbol{b} = \boldsymbol{p} + \boldsymbol{e}$를 다시 쓰면

$$\begin{bmatrix} 1 \\ 2 \\ 2 \end{bmatrix} = \begin{bmatrix} 7/6 \\ 10/6 \\ 13/6 \end{bmatrix} + \begin{bmatrix} -1/6 \\ 2/6 \\ -1/6 \end{bmatrix}$$

인데 여기서 관찰할 수 있는 또 다른 현상은 두 벡터

$$\boldsymbol{p} = \begin{bmatrix} 7/6 \\ 10/6 \\ 13/6 \end{bmatrix}, \boldsymbol{e} = \begin{bmatrix} -1/6 \\ 2/6 \\ -1/6 \end{bmatrix}$$

가 수직이라는 점이다.

$\boldsymbol{e}$는 열공간 $C(A)$에 수직이기 때문에 $\boldsymbol{p}$에 수직일 뿐 아니라 $\begin{bmatrix} 1 \\ 1 \\ 1 \end{bmatrix}$에도 수직이다. $\boldsymbol{p} \in C(A)$는 당연하고 $\boldsymbol{e}$는 $\begin{bmatrix} 1 \\ 2 \\ 3 \end{bmatrix}$에도 수직이다. C와 D는 $\boldsymbol{p}$를 $\begin{bmatrix} 1 \\ 1 \\ 1 \end{bmatrix}$

과 $\begin{bmatrix} 1 \\ 2 \\ 3 \end{bmatrix}$의 일차결합으로 나타내는 계수이다.

3.3.3 연습 문제

문제 3.3.1. $\begin{bmatrix} -1 \\ 2 \end{bmatrix}$, $\begin{bmatrix} 0 \\ 3 \end{bmatrix}$와 $\begin{bmatrix} 1 \\ 8 \end{bmatrix}$을 지나는 이차다항식을 구하시오.

문제 3.3.2. 최소자승법을 이용하여 네 점 $\begin{bmatrix} 0 \\ -8 \end{bmatrix}, \begin{bmatrix} 1 \\ -2 \end{bmatrix} \begin{bmatrix} 2 \\ -12 \end{bmatrix}, \begin{bmatrix} 3 \\ 2 \end{bmatrix}$ 에 대한 이차식을 구하시오

문제 3.3.3. 방정식 $\begin{bmatrix} 1 & 0 \\ 0 & 1 \\ 0 & 0 \end{bmatrix} \boldsymbol{x} = \begin{bmatrix} -1 \\ 2 \end{bmatrix}$의 최소제곱해를 구하시오.

문제 3.3.4. 방정식 $\begin{bmatrix} 1 & 1 & 1 \\ 1 & -1 & 1 \\ 1 & -1 & -1 \\ 1 & 1 & -1 \end{bmatrix} \boldsymbol{x} = \begin{bmatrix} 9 \\ 3 \\ 1 \\ 3 \end{bmatrix}$의 최소제곱해를 구하시오.

3.4 직교행렬과 그람-슈미트 과정

지금까지 벡터가 수직이고 부분공간이 수직이라는 것에 대해서 공부하였다. 이 절에서는 직교기저와 직교행렬에 관해서 알아본다. 벡터

$$\boldsymbol{q}_1, \boldsymbol{q}_2, \ldots, \boldsymbol{q}_m$$

이 서로 수직이라는 개념은 매우 자연스러운 것이다. 벡터들이 수직이면 그 다음으로 길이가 1이기를 바란다.

기저의 벡터들이 서로 수직이고 각 벡터의 길이가 1일 때 이 기저를 정규직교기저라고 한다. 임의의 기저로부터 이 것의 일차결합으로 표시되는 정규직교기저를 만들어 내는 과정을 그람-슈미트 과정이라고 한다. 정규직교기저는 계산을 쉽게 만들기 때문에 수치선형대수에서는 주로 정규직교기저를 이용한다. 그람-슈미트 과정은 벡터들이 우선 서로 수직이 되도록 만든다. 영벡터가 아닌 벡터를 벡터의 길이로 나누어 길이가 1인 벡터로 만드는 과정은 단순한 과정이다.

3.4.1 직교행렬

$\mathbb{R}^n$의 벡터

$$\boldsymbol{q}_1, \boldsymbol{q}_2, \ldots, \boldsymbol{q}_m$$

이

$$\boldsymbol{q}_i \circ \boldsymbol{q}_j = \begin{cases} 0, & i \neq j \text{ 일 때} \\ 1, & i = j \text{ 일 때} \end{cases}$$

를 만족할 때 정규직교벡터(orthonormal vectors)라고 한다.

정규직교 벡터 $\boldsymbol{q}_1, \boldsymbol{q}_2, \ldots, \boldsymbol{q}_m$을 열벡터로 하는 행렬을

$$Q = \begin{bmatrix} | & | & & | \\ \boldsymbol{q}_1 & \boldsymbol{q}_2 & \cdots & \boldsymbol{q}_m \\ | & | & & | \end{bmatrix}$$

라고 하면

$$Q^TQ = \begin{bmatrix} - & \boldsymbol{q}_1{}^T & - \\ - & \boldsymbol{q}_2{}^T & - \\ & \vdots & \\ - & \boldsymbol{q}_m{}^T & - \end{bmatrix} \begin{bmatrix} | & | & & | \\ \boldsymbol{q}_1 & \boldsymbol{q}_2 & \cdots & \boldsymbol{q}_m \\ | & | & & | \end{bmatrix} = \begin{bmatrix} 1 & 0 & & \\ & 1 & & \\ & & \ddots & \\ & & & 1 \end{bmatrix} = I$$

이다. 여기서 Q가 정사각행렬일 필요는 없다. 지금까지 삼각행렬, 대각행렬, 치환행렬, 행사다리꼴행렬, 사영행렬이 나왔었고 §3.4에서 행렬의 열들이 서로 수직이고 길이가 1인 행렬이 나왔다. 이 행렬을 정규직교행렬이라한다.

Q가 정사각행렬일 경우 이유는 알 수 없지만 관례대로 직교행렬(orthogonal matrix)이라고 한다. 이때 $Q^{-1} = Q^T$이다.

보기 3.4.1. 치환행렬 $Q = \begin{bmatrix} 0 & 0 & 1 \\ 1 & 0 & 0 \\ 0 & 1 & 0 \end{bmatrix}$는 직교행렬이다.

보기 3.4.2. $Q = \begin{bmatrix} \cos\theta & -\sin\theta \\ \sin\theta & \cos\theta \end{bmatrix}$는 직교행렬이다.

보기 3.4.3 (하다마 행렬)**.** 행렬 $H_2 = \begin{bmatrix} 1 & 1 \\ 1 & -1 \end{bmatrix}$의 열들은 수직이지만 길이가 1은 아니다. 각 열의 길이가 1이 되도록 하면 $Q_2 = \frac{1}{\sqrt{2}} \begin{bmatrix} 1 & 1 \\ 1 & -1 \end{bmatrix}$는 직교행렬이다.

$$H_4 = \left[\begin{array}{c|c} H_2 & H_2 \\ \hline H_2 & -H_2 \end{array}\right] = \begin{bmatrix} 1 & 1 & 1 & 1 \\ 1 & -1 & 1 & -1 \\ 1 & 1 & -1 & -1 \\ 1 & -1 & -1 & 1 \end{bmatrix}$$

의 열들은 수직이다. 각 열의 길이가 $\sqrt{4}$이므로 $Q_4 = (1/\sqrt{4})H_4$는 직교행렬이다.

$$H_8 = \left[\begin{array}{c|c} H_4 & H_4 \\ \hline H_4 & -H_4 \end{array}\right]$$

의 열들은 수직고 각 열의 길이는 $\sqrt{8}$이다. $Q_8 = (1/\sqrt{8})H_8$은 직교행렬이다.

이 행렬 $H_2, H_4, H_8, \ldots$을 하다마 행렬(Hadamard matrix)이라고 하는데 성분이 1과 -1로만 이루어져있다. 성분이 1과 -1로만 이루어진 행렬로 열들이 서로 수직인 5×5행렬은 존재하지 않는다.

> 어떤 다른 크기의 행렬로 성분이 1과 -1 뿐이고 열들이 서로 수직인 행렬이 존재하는지는 아직 알려져 있지 않다.

이제 직사각행렬인 예를 들어보자.

보기 3.4.4. $\begin{bmatrix} 1 & -2 \\ 2 & -1 \\ 2 & 2 \end{bmatrix}$의 두 열은 수직이지만 아직 길이가 1은 아니다. 각 벡터의 길이는 3이므로 $Q = \frac{1}{3}\begin{bmatrix} 1 & -2 \\ 2 & -1 \\ 2 & 2 \end{bmatrix}$은 정규직교행렬이다. 벡터의 길이를 1로 만들기는 쉬우므로 항상 벡터들이 서로 수직이 되는지를 먼저 따져본다.

이제 이 행렬에 열을 하나 추가하여 직교행렬이 되도록 해보자.

$$\frac{1}{3}\begin{bmatrix} 1 & -2 & 2 \\ 2 & -1 & -2 \\ 2 & 2 & 1 \end{bmatrix}$$

이 직교행렬이다.

Q가 직교행렬일 때 Q의 열공간 $C(Q)$로의 사영행렬 P는

$$P = Q(Q^TQ)^{-1}Q^T = QQ^T.$$

여기서 Q가 정사각행렬인 경우 $QQ^T = I$이므로 $P = I$이다. 이 경우는 $C(Q)$가 전체 공간이므로 전체 공간으로의 사영행렬이 $P = I$이라는 사실에도 부합한다.

사영행렬 $P = QQ^T$는

$$P^2 = (QQ^T)(QQ^T) = Q(Q^TQ)Q^T = QQ^T = P,$$
$$P^T = (QQ^T)^T = QQ^T = P$$

이므로 사영행렬이 만족해야 하는 (3.10)와 (3.11)을 당연히 만족한다.

정규직교기저를 이용하면 계산이 간단해지는데

$$A^TA\hat{\boldsymbol{x}} = A^T\boldsymbol{b}$$

에서 $A = Q$라고 하면 $Q^TQ = I$이므로 $\hat{\boldsymbol{x}} = Q^T\boldsymbol{b}$이다. 따라서 $\hat{x}_i = \boldsymbol{q}_i \circ \boldsymbol{b}$이다. 이렇게 하면 Q^TQ의 역행렬을 구할 필요가 없이 정규방정식의 해 $\hat{\boldsymbol{x}}$를 구할 수 있다.

3.4.2 그람-슈미트 정규직교화 과정

일차독립인 벡터들로부터 정규직교 벡터를 만들어가는 과정을 그람-슈미트 정규직교화 과정(Gram-Schmidt orthonormalization process)이라고 한다.

일차독립인 두 벡터 $\boldsymbol{a}, \boldsymbol{b}$가 주어졌다고 하자. $A = \boldsymbol{a}$라고 하자. 다음 $\boldsymbol{b}$로부터 A에 수직이 되도록 B를 만들자.

$\boldsymbol{b}$의 $\boldsymbol{a}$방향으로의 수직사영은 $\boldsymbol{p} = \frac{\boldsymbol{a}^T\boldsymbol{b}}{\boldsymbol{a}^T\boldsymbol{a}}\boldsymbol{a}$이고 $\boldsymbol{e} = \boldsymbol{b} - \boldsymbol{p}$라고 하면 $\boldsymbol{e}$는 $\boldsymbol{a}$와 수직이다.

증명

$$\begin{aligned}\boldsymbol{a}^T\boldsymbol{e} &= \boldsymbol{a}^T\left(\boldsymbol{b} - \frac{\boldsymbol{a}^T\boldsymbol{b}}{\boldsymbol{a}^T\boldsymbol{a}}\boldsymbol{a}\right)\\ &= \boldsymbol{a}^T\boldsymbol{b} - \frac{\boldsymbol{a}^T\boldsymbol{b}}{\boldsymbol{a}^T\boldsymbol{a}}\boldsymbol{a}^T\boldsymbol{a}\\ &= 0\end{aligned}$$

이다. □

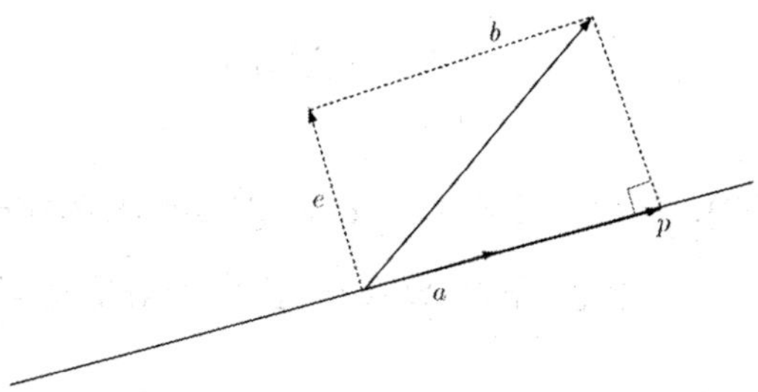

그림 3.11: 정규직교화 과정 첫 번째 단계

$\boldsymbol{a}$와 $\boldsymbol{b}$가 일차독립이므로 $\boldsymbol{e} \neq \boldsymbol{0}$이다. $B = \boldsymbol{e}$라고 하자. 이 과정이 그람의 아이디어이다. 슈미트는 벡터를 벡터의 길이로 나누어 단위벡터를 만드는 아이디어를 제공했다.

이제 A와 B를 포함하는 평면에 속하지 않는 세 번째 벡터 $\boldsymbol{c}$가 주어졌다고 하자. $\boldsymbol{c}$에서 A와 B를 포함하는 평면으로의 사영을 빼면

$$C = \boldsymbol{c} - \frac{A^T\boldsymbol{c}}{A^TA}A - \frac{B^T\boldsymbol{c}}{B^TB}B$$

는 A와 B에 수직이다.

증명 간단한 계산에 의해

$$A^T C = 0,$$
$$B^T C = 0$$

임을 보일 수 있다. □

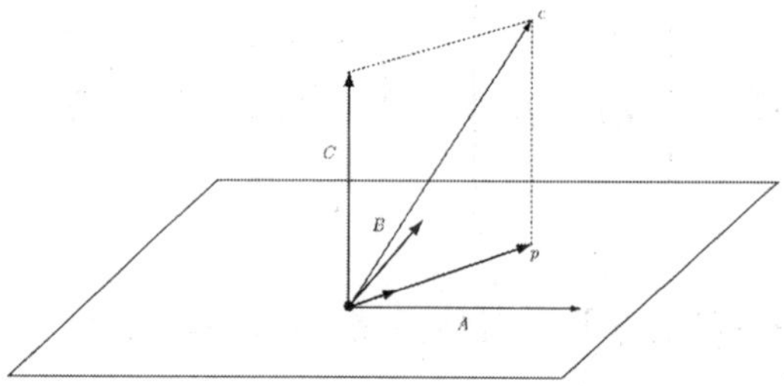

그림 3.12: 정규직교화 과정 두 번째 단계

이제

$$\boldsymbol{q}_1 = \frac{A}{\|A\|}, \boldsymbol{q}_2 = \frac{B}{\|B\|}, \boldsymbol{q}_3 = \frac{C}{\|C\|}$$

라고 놓으면 $\boldsymbol{q}_1, \boldsymbol{q}_2, \boldsymbol{q}_3$는 정규직교 벡터가 된다.

일차독립인 벡터 $\boldsymbol{a}, \boldsymbol{b}, \boldsymbol{c}$로부터 서로 수직인 벡터 A, B, C를 만들고 각 벡터를 벡터의 길이로 나누어 서로 수직이고 단위벡터 $\boldsymbol{q}_1, \boldsymbol{q}_2, \boldsymbol{q}_3$로 만드는 과정을 그람-슈미트 과정이라고 한다.

보기 3.4.5. $\boldsymbol{a} = \begin{bmatrix} 1 \\ 1 \\ 1 \end{bmatrix}, \boldsymbol{b} = \begin{bmatrix} 1 \\ 0 \\ 2 \end{bmatrix}$는 일차독립이다. $A = \boldsymbol{a} = \begin{bmatrix} 1 \\ 1 \\ 1 \end{bmatrix}$이고

$$B = \boldsymbol{b} - \frac{A^T\boldsymbol{b}}{A^TA}\boldsymbol{a} = \begin{bmatrix} 1 \\ 0 \\ 2 \end{bmatrix} - \frac{3}{3}\begin{bmatrix} 1 \\ 1 \\ 1 \end{bmatrix} = \begin{bmatrix} 0 \\ -1 \\ 1 \end{bmatrix}$$

이다. A와 B는 서로 수직이다. 정규화하면

$$Q = \begin{bmatrix} | & | \\ \boldsymbol{q}_1 & \boldsymbol{q}_2 \\ | & | \end{bmatrix} = \begin{bmatrix} 1/\sqrt{3} & 0 \\ 1/\sqrt{3} & -1/\sqrt{2} \\ 1/\sqrt{3} & 1/\sqrt{2} \end{bmatrix}$$

이다. 그람-슈미트 정규직교화 과정에의해 벡터들이 만드는 부분공간들이 같으므로

$$C\left(\begin{bmatrix} | & | \\ \boldsymbol{q}_1 & \boldsymbol{q}_2 \\ | & | \end{bmatrix}\right) = C\left(\begin{bmatrix} | & | \\ A & B \\ | & | \end{bmatrix}\right) = C\left(\begin{bmatrix} | & | \\ \boldsymbol{a} & \boldsymbol{b} \\ | & | \end{bmatrix}\right)$$

이다.

3.4.3 $A = QR$ 분해

§1.4에서 소거 과정을 행렬로 표현하여 $A = LU$ 분해를 얻었었다. 여기서는 $A = QR$ 분해를 얻는다. 이 식이 그람-슈미트 과정의 행렬 표현이다.

$A = \begin{bmatrix} | & | \\ \boldsymbol{a} & \boldsymbol{b} \\ | & | \end{bmatrix}$라고 하고 $A = QR$인 행렬 R을 구해보자. $\boldsymbol{q}_1 = A/|A| = \boldsymbol{a}_1/\sqrt{\boldsymbol{a}_1{}^T\boldsymbol{a}_1}$이므로 $R = \begin{bmatrix} \sqrt{\boldsymbol{a}_1{}^T\boldsymbol{a}_1} & * \\ 0 & * \end{bmatrix}$은 위삼각행렬이다.

일반적으로 n개의 일차독립인 벡터 $\boldsymbol{a}_1, \boldsymbol{a}_2, \ldots, \boldsymbol{a}_m$에서 시작하여 그람-슈미트 과정을 통하여 얻은 정규직교 벡터 $\boldsymbol{q}_1, \boldsymbol{q}_2, \ldots, \boldsymbol{q}_m$의 $\boldsymbol{q}_i$는 $\boldsymbol{a}_1, \boldsymbol{a}_2, \ldots, \boldsymbol{a}_{i-1}$과 수직이므로 R은 위삼각행렬이다

3.4.4 연습 문제

문제 3.4.1. 벡터공간 $C[a, b]$ 위에 정의 된 내적

$$\langle f, g \rangle = \int_a^b f(x)g(x)dx$$

을 이용하여 $g(x) = 2x$의 $h(x) = 1$로의 수직사영을 구하시오.

문제 3.4.2. 그람-슈미트 과정을

$$\begin{bmatrix} 1 \\ 1 \\ 1 \end{bmatrix}, \begin{bmatrix} -1 \\ 1 \\ 0 \end{bmatrix}, \begin{bmatrix} 1 \\ 2 \\ 1 \end{bmatrix}$$

에 적용하여 이 벡터들의 일차결합으로 표시된 $\mathbb{R}^3$의 정규직교기저를 구하시오.

문제 3.4.3. $A = \begin{bmatrix} 12 & 2 & -8 & 3 \\ 9 & 6 & -6 & 9 \end{bmatrix}$의 영공간 $N(A)$의 정규직교기저를 구하시오.

문제 3.4.4. $A = \begin{bmatrix} 2 & 6 \\ -3 & -12 \\ 1 & -6 \end{bmatrix}$의 열공간 $C(A)$의 정규직교기저를 구하시오.

문제 3.4.5. 행렬 $A = \begin{bmatrix} 15 \\ -10 \\ -15 \end{bmatrix}$의 $A = QR$ 분해를 구하시오.

문제 3.4.6. 행렬 $A = \begin{bmatrix} 12 & 24 \\ 6 & 19 \\ 4 & 22 \end{bmatrix}$의 $A = QR$ 분해를 구하시오.

문제 3.4.7. 행렬 $A = \begin{bmatrix} 2 & -5 & 1 \\ 4 & -4 & 5 \\ 4 & -7 & -1 \end{bmatrix}$의 $A = QR$ 분해를 구하시오.

문제 3.4.8. 행렬 $A = \begin{bmatrix} 1 & -1 & -2 \\ 1 & -1 & 0 \\ 1 & -5 & -2 \\ -1 & 5 & 4 \end{bmatrix}$의 $A = QR$ 분해를 구하시오.

문제 3.4.9. 두 벡터

$$\begin{bmatrix} 1 \\ 2 \\ 1 \\ 0 \end{bmatrix}, \begin{bmatrix} 2 \\ -2 \\ -4 \\ -9 \end{bmatrix}$$

에 그람-슈미트 과정을 수행하여 정규직교화 하시오.

문제 3.4.10. 세 벡터

$$\begin{bmatrix} -6 \\ -6 \\ -3 \end{bmatrix}, \begin{bmatrix} -3 \\ -6 \\ 0 \end{bmatrix}, \begin{bmatrix} -5 \\ 1 \\ -1 \end{bmatrix}$$

에 그람-슈미트 과정을 수행하여 정규직교화 하시오.

제 4 장

행렬식

4.1 행렬식의 성질

지금부터는 선형대수 후반부의 시작이라고 할 수 있다. 지금까지는 직사각행렬을 다루었는데 이제 정사각행렬에 집중한다. §5.1에서 정사각행렬의 고유값을 구하기 위하여 행렬식이 필요하다. 정사각행렬에 어떤 조건을 만족하는 숫자를 대응시키는데 이를 행렬식이라고 한다. 이 숫자가 행렬이 어떤지를 모두 이야기해 줄 수는 없지만 행렬에 관한 많은 정보가 여기에 있다. 행렬식이 영이 아니면 행렬이 가역행렬이고 행렬식이 영이면 비가역행렬이다. 따라서 행렬식이 행렬이 가역행렬인지 아닌지의 시험 도구인데 이 것 말고도 행렬에 관한 많은 정보를 포함하고 있다.

4.1.1 행렬식의 정의

정의 4.1.1. 정사각행렬에 대해서 실수값을 대응시키는 함수로 (Det1)–(Det3)를 만족하는 함수를 행렬식(determinant)이라고 한다. 행렬 A 행렬식을 $\det A$나 $|A|$로 표기한다.

(Det1) 단위행렬 I에 대해서 $\det I = 1$이다.

(Det2) 행렬의 두 행을 교환하면 행렬식은 부호가 바뀐다. 즉,

$$\begin{vmatrix} - & r_i & - \\ & & \\ - & r_j & - \end{vmatrix} = -\begin{vmatrix} - & r_j & - \\ & & \\ - & r_i & - \end{vmatrix}$$

이다.

(Det3a) 행렬의 한 행을 t배 하면 행렬식도 t배가 된다. 즉, 2×2 행렬인 경우 $\begin{vmatrix} ta & tb \\ c & d \end{vmatrix} = t\begin{vmatrix} a & b \\ c & d \end{vmatrix}$이다.

(Det3b) 행렬의 한 행이 두 행벡터의 합이면 행렬식은 각 행렬의 행렬식의 합이다. 즉, 2×2행렬인 경우 $\begin{vmatrix} a+a' & b+b' \\ c & d \end{vmatrix} = \begin{vmatrix} a & b \\ c & d \end{vmatrix} + \begin{vmatrix} a' & b' \\ c & d \end{vmatrix}$이다. 여기서 $\det(A+B) = \det A + \det B$라는 것이 아니다.

(Det3a)와 (Det3b)는 행렬식이 각 행벡터에 대해 선형임을 의미한다.

보기 4.1.1. (Det1)–(Det3)를 이용하여 2×2 행렬의 행렬식을 구해보자.

(Det1)에 의해서 $\begin{vmatrix} 1 & 0 \\ 0 & 1 \end{vmatrix} = +1$이다.

(Det1)과 (Det2)에 의해서 $\begin{vmatrix} 0 & 1 \\ 1 & 0 \end{vmatrix} = -\begin{vmatrix} 1 & 0 \\ 0 & 1 \end{vmatrix} = -1$이다.

뒤에 $\begin{vmatrix} a & b \\ c & d \end{vmatrix} = ad - bc$임을 보인다.

4.1.2 행렬식의 성질

(Det1)-(Det3)를 이용하면 다음과 같은 행렬식에 대한 성질들을 증명할 수 있다.

> (Det4) A의 두 행이 같으면 $\det A = 0$ 이다.

증명 $A = \begin{bmatrix} - & r_1 & - \\ & \vdots & \\ - & r_n & - \end{bmatrix}$이라고 하고 $r_i = r_j$라고 하면, 즉,

$$A = \begin{bmatrix} - & r_i & - \\ & & \\ - & r_j & - \end{bmatrix} = \begin{bmatrix} - & r_j & - \\ & & \\ - & r_i & - \end{bmatrix}.$$

(Det2)를 이용하면

$$\det A = \det \begin{bmatrix} - & r_i & - \\ & & \\ - & r_j & - \end{bmatrix} = (-1)\det \begin{bmatrix} - & r_j & - \\ & & \\ - & r_i & - \end{bmatrix} = (-1)\det A.$$

따라서 $\det A = 0$이다. □

따라서 정사각행렬의 두 행이 같으면 가역행렬이 아니다. 물론 행렬식을 이용하지 않고도 계수가 적어도 하나 줄어들기 때문에 가역이 아님을 보일 수 도 있다.

(Det5) 행렬 A의 k행에 i행의 l배를 더해도 행렬식은 변하지 않는다.

증명 (Det3b)에 의해

$$\begin{vmatrix} a & b \\ c+la & d+lb \end{vmatrix} = \begin{vmatrix} a & b \\ c & d \end{vmatrix} + \begin{vmatrix} a & b \\ la & lb \end{vmatrix}$$

인데 (Det3a)에 의해

$$\begin{vmatrix} a & b \\ la & lb \end{vmatrix} = l \begin{vmatrix} a & b \\ a & b \end{vmatrix}$$

이고 (Det4)에 의해 $\begin{vmatrix} a & b \\ a & b \end{vmatrix} = 0$ 이다. 따라서

$$\begin{vmatrix} a & b \\ c+la & d+lb \end{vmatrix} = \begin{vmatrix} a & b \\ c & d \end{vmatrix}$$

이다. □

(Det6) 영인 행이 있는 행렬의 행렬식은 0이다.

증명 (Det3a)에 의해

$$5\begin{vmatrix} 0 & 0 \\ c & d \end{vmatrix} = \begin{vmatrix} 5\cdot 0 & 5\cdot 0 \\ c & d \end{vmatrix} = \begin{vmatrix} 0 & 0 \\ c & d \end{vmatrix}$$

이다. 따라서 $\begin{vmatrix} 0 & 0 \\ c & d \end{vmatrix} = 0$ 이다. □

다른 증명으로 (Det3a)에서 $t = 0$ 이라고 놓으면

$$\begin{vmatrix} 0 & 0 \\ c & d \end{vmatrix} = \begin{vmatrix} 0 \cdot a & 0 \cdot b \\ c & d \end{vmatrix} = 0 \begin{vmatrix} a & b \\ c & d \end{vmatrix} = 0$$

이다.

(Det7) 위삼각행렬 $U = \begin{bmatrix} d_1 & & & \\ & d_2 & & * \\ 0 & & \ddots & \\ & & & d_n \end{bmatrix}$의 행렬식은

$$\det U = d_1 d_2 \cdots d_n$$

이다. 즉, 행렬식은 축의 곱이거나 이것의 -1배이다.

증명 모든 $d_i \neq 0$이라고 하자. (Det5), (Det3a), (Det1)에 의해서

$$\begin{vmatrix} d_1 & & & \\ & d_2 & & * \\ 0 & & \ddots & \\ & & & d_n \end{vmatrix} = \begin{vmatrix} d_1 & & & \\ & d_2 & & 0 \\ 0 & & \ddots & \\ & & & d_n \end{vmatrix} = d_1 \cdots d_n \begin{vmatrix} 1 & & 0 \\ & \ddots & \\ 0 & & 1 \end{vmatrix} = d_1 \cdots d_n$$

이다. 대각성분에 0이 있으면 소거 과정에 영인 행이 존재하게 되고 (Det 5)와 (Det 6)에 의해 행렬식이 0이 되고 $d_1 d_2 \ldots d_n = 0$이다. 위삼각행렬의 대각성분 $d_i = 0$인 경우 i행이 0이므로 $\det U = 0$이다. □

(Det8) A가 특이행렬이면 $\det A = 0$이다. A가 가역행렬이면 $\det A \neq 0$이다.

증명 A가 특이행렬이면 행연산에 의해 0인 행을 만들 수 있다. 따라서 $\det A = 0$이다.

A가 가역행렬인 경우 행연산에 의해 위삼각행렬과 행동치이고 위삼각행렬은 행연산에 의해 대각행렬과 행동치이다. 따라서 $\det A \neq 0$이다. □

보기 4.1.2. $a \neq 0$이면

$$\begin{bmatrix} a & b \\ c & d \end{bmatrix} \to \begin{bmatrix} a & b \\ 0 & d-(c/a)b \end{bmatrix}$$

이고

$$\begin{vmatrix} a & b \\ c & d \end{vmatrix} = \begin{vmatrix} a & b \\ 0 & d-(c/a)b \end{vmatrix} = a(d-(c/a)b) = ad-bc$$

이다.

$a = 0$이면 소거법을 이용하여 c를 0으로 만들 수 없다. 먼저 행을 교환하면 $\begin{vmatrix} a & b \\ c & d \end{vmatrix} = -\begin{vmatrix} c & d \\ a & b \end{vmatrix}$이고 $a = 0$이므로 (Det7)에 의해 $\begin{vmatrix} c & d \\ 0 & b \end{vmatrix} = cb$이다. 따라서 $\begin{vmatrix} a & b \\ c & d \end{vmatrix} = -bc$이고 다른 한편 $ad - bc = 0 \cdot d - bc = -bc$이다.

(Det9) $\det(AB) = \det A \cdot \det B$

반면에 일반적으로 $\det(A+B) \neq \det A + \det B$임에 유의하시오.

A가 가역행렬인 경우 $\det A^{-1} = \frac{1}{\det A}$이다.

증명 $A^{-1}A = I$이면 $\det(A^{-1}A) = \det I$인데

$$\det(A^{-1}A) = \det A^{-1} \det A$$

이고 $\det I = 1$이고 $\det A \neq 0$이므로 $\det A^{-1} = \frac{1}{\det A}$이다. □

보기 4.1.3. $A = \begin{bmatrix} 2 & 0 \\ 0 & 3 \end{bmatrix}$이면 $A^{-1} = \begin{bmatrix} 1/2 & 0 \\ 0 & 1/3 \end{bmatrix}$이다. $\det A = 6$이고 $\det A^{-1} = 1/6$이다.

주 . (Det9)에 의해

$$\det(A^2) = (\det A)^2$$

이다.

각 열에 (Det3a)를 n 번(A가 $n \times n$ 행렬인 경우) 적용하면

$$\det(2A) = 2^n \det A$$

이다. 즉, 행렬식은 부피와 같은 성질을 갖는다. 행렬을 2배 하면 행렬식은 2^n배가 된다. 3차원 공간에서 박스의 크기를 두 배로 하면 부피는 $2^3 = 8$배가 된다.

(Det10) $\det A^T = \det A$

증명 $A = LU$로 분해하자. (Det9)에 의해 $\det A = \det L \det U$이다.

한편 $A^T = (LU)^T = U^T L^T$이고 (Det9)에 의해 $\det A^T = \det U^T \det L^T$이다. $\det U^T = \det U, \det L^T = \det L$이므로

$$\det A^T = (\det U^T)(\det L^T) = (\det U)(\det L) = (\det L)(\det U) = \det A$$

이다. □

보기 4.1.4. 2×2 행렬인 경우 $\begin{vmatrix} a & b \\ c & d \end{vmatrix} = ad - bc = \begin{vmatrix} a & c \\ b & d \end{vmatrix}$이다.

따름정리 4.1.1. A에 영인 열이 있으면 $\det A = 0$.

증명 A에 영인 열이 있으면 A^T에 영인 행이 있다. (Det10)에 의해 $\det A = \det A^T$이고 A^T에 영인 행이 있으므로 (Det6)에 의해 $\det A^T = 0$이다. 따라서 $\det A = 0$이다. □

(Det2)에 의해 행렬의 두 행을 한 번 교환 할 때 마다 행렬식에 -1이 곱해졌다. 따라서 행렬의 두 행을 7번 교환하면 행렬식에 $(-1)^7 = -1$이 곱해지고 행렬의 두 행을 10번 교환하면 행렬식에 $(-1)^{10} = +1$이 곱해지는데 행렬이 두 행을 7번 교환한 행렬과 10번 교환한 행렬이 같아질 수는 없을까? 만약 이렇다면 행렬식은 0이어서 행렬이 특이행렬이어야 한다. 그런데 치환(permutation)은 두 행의 교환(transposition)이 짝수 번 일어나거나 홀수 번 일어나거나 둘 중 하나이다. 이 사실은 현대대수(Abstract Algebra)에서 증명한다. 따라서 위와 같은 현상은 일어나지 않는다.

4.1.3 연습 문제

문제 4.1.1. 행렬식이 만족하는 성질(Det1,...,Det10)을 이용하여 $\begin{bmatrix} 1 & 1 & 0 \\ 0 & -2 & 1 \\ -1 & 0 & 1 \end{bmatrix}$ 의 행렬식을 구하시오.

문제 4.1.2. $\det \begin{bmatrix} a & b & c \\ d & e & f \\ g & h & i \end{bmatrix} = 3$일 때 다음을 구하시오.

(1) $\det \begin{bmatrix} a+d & b+e & c+f \\ d & e & f \\ g & h & i \end{bmatrix}$

(2) $\det\begin{bmatrix} a & b & c \\ g & h & i \\ d & e & f \end{bmatrix}$

(3) $\det\begin{bmatrix} a & b & c \\ 4d & 4e & 4f \\ g & h & i \end{bmatrix}$

(4) $\det\begin{bmatrix} a-2g & 6b-12h & c-2i \\ d & 6e & f \\ g & 6h & i \end{bmatrix}$

문제 4.1.3. $\det\begin{bmatrix} a & 1 & c \\ d & 1 & f \\ g & 1 & i \end{bmatrix} = 2$이고 $\det\begin{bmatrix} a & 1 & c \\ d & 2 & f \\ g & 3 & i \end{bmatrix} = 5$일 때 $\det\begin{bmatrix} a & 2 & c \\ d & 1 & f \\ g & 0 & i \end{bmatrix}$을 구하시오.

문제 4.1.4. 대각성분은 2이고 대각선 위쪽의 성분은 1이고 대각선 아래쪽의 성분은 0인 $n\times n$ 행렬의 행렬식을 구하시오.

4.2 행렬식과 여인자

행렬식은 선형대수 중 매력적인 작은 토픽이다. 과거에는 행렬식이 큰 부분이었고 선형대수가 작은 부분이었는데 상황이 바뀌었다. 이 절의 목적은 행렬식의 공식을 찾는 것이다. 첫 번째 공식은 복잡한데, $n \times n$행렬의 성분들로 얻어지는 값이다. 두 번째 공식은 여인자를 이용하는 공식이다. 마지막으로 이 공식을 이용하여 '세 대각성분'은 1이고 나머지 성분이 0인 3대각행렬의 행렬식에 적용하여 본다.

4.2.1 2×2 행렬의 행렬식

행렬식의 정의에 의해 간단한 2×2 행렬의 행렬식은 쉽게 구할 수 있다. (Det1)에 의해

$$\begin{vmatrix} 1 & 0 \\ 0 & 1 \end{vmatrix} = 1$$

이다. (Det2)와 (Det1)에 의해

$$\begin{vmatrix} 0 & 1 \\ 1 & 0 \end{vmatrix} = -\begin{vmatrix} 1 & 0 \\ 0 & 1 \end{vmatrix} = -1$$

이다.

보기 4.2.1. (Det1)–(Det10)을 이용하여 2×2 행렬의 행렬식을 구하는 또 다른 방법을 생각해보자.

$$\begin{vmatrix} a & b \\ c & d \end{vmatrix} = \begin{vmatrix} a & 0 \\ c & d \end{vmatrix} + \begin{vmatrix} 0 & b \\ c & d \end{vmatrix} \tag{4.1}$$

$$= \begin{vmatrix} a & 0 \\ c & 0 \end{vmatrix} + \begin{vmatrix} a & 0 \\ 0 & d \end{vmatrix} + \begin{vmatrix} 0 & b \\ c & 0 \end{vmatrix} + \begin{vmatrix} 0 & b \\ 0 & d \end{vmatrix} \tag{4.2}$$

이다.

(4.1)에서 두 번째 행을 고정하고 첫 번째 행을 $(a, b) = (a, 0) + (0, b)$로 쓰고 (Det3)을 적용하였고, (4.2)에서 각 행렬의 첫 번째 행을 고정하고 $(c, d) = (c, 0) + (0, d)$라고 쓰고 성질 (Det3)을 적용였다.

이제 이 각각의 행렬식을 구해보자. 우선 영인 열을 포함하는 행렬은 여러 가지 이유로 행렬식이 0임을 보일 수 있다. $(a, 0) = a \cdot (1, 0), (c, 0) = c \cdot (1, 0)$임에 착안하여 (Det3)을 이용하면

$$\begin{vmatrix} a & 0 \\ c & 0 \end{vmatrix} = a \begin{vmatrix} 1 & 0 \\ c & 0 \end{vmatrix} = ac \begin{vmatrix} 1 & 0 \\ 1 & 0 \end{vmatrix}$$

이다. 여기서 $\begin{vmatrix} 1 & 0 \\ 1 & 0 \end{vmatrix}$의 첫 번째 행과 두 번째 행을 바꾸면 (Det2)에 의해

$$\begin{vmatrix} 1 & 0 \\ 1 & 0 \end{vmatrix} = - \begin{vmatrix} 1 & 0 \\ 1 & 0 \end{vmatrix}$$

이다. 즉, $\begin{vmatrix} 1 & 0 \\ 1 & 0 \end{vmatrix} = 0$이다. 따라서 $\begin{vmatrix} a & 0 \\ c & 0 \end{vmatrix} = 0$이다. 마찬가지로 $\begin{vmatrix} 0 & b \\ 0 & d \end{vmatrix} = 0$ 이다.

일반적으로 행렬의 크기에 상관없이 영인 열을 포함하는 행렬의 행렬식은 0 임을 위와 같이 보일 수 있다.

다음으로 대각행렬의 행렬식

$$\begin{vmatrix} a & 0 \\ 0 & d \end{vmatrix}, \quad \begin{vmatrix} 0 & b \\ c & 0 \end{vmatrix}$$

을 구해보자. $(a, 0) = a \times (1, 0), (0, d) = d \times (0, 1)$임에 착안하여 (Det3)을 이용하면

$$\begin{vmatrix} a & 0 \\ 0 & d \end{vmatrix} = a \begin{vmatrix} 1 & 0 \\ 0 & d \end{vmatrix} = ad \begin{vmatrix} 1 & 0 \\ 0 & 1 \end{vmatrix}$$

이고 (Det1)에 의해 $\begin{vmatrix} 1 & 0 \\ 0 & 1 \end{vmatrix} = 1$이므로 $\begin{vmatrix} a & 0 \\ 0 & d \end{vmatrix} = ad$이다.

$\begin{vmatrix} 0 & b \\ c & 0 \end{vmatrix}$의 두 행의 순서를 바꾸면 (Det2)에 의해서 $\begin{vmatrix} 0 & b \\ c & 0 \end{vmatrix} = -\begin{vmatrix} c & 0 \\ 0 & b \end{vmatrix}$ 이고 $\begin{vmatrix} c & 0 \\ 0 & b \end{vmatrix} = cb$이므로 $\begin{vmatrix} 0 & b \\ c & 0 \end{vmatrix} = -bc$이다.

이상을 종합하면,

$$\begin{vmatrix} a & b \\ c & d \end{vmatrix} = ad - bc$$

4.2.2 진짜 공식

§4.2.1의 과정을 3×3행렬이나 4×4행렬에 적용하여 행렬식의 일반적인 공식을 구하는 방법을 찾아보자. 3×3행렬의 나머지 행을 고정하고 첫 행에 대하여 (Det3)을 적용하면

$$\begin{vmatrix} a_{11} & a_{12} & a_{13} \\ a_{21} & a_{22} & a_{23} \\ a_{31} & a_{32} & a_{33} \end{vmatrix} = \begin{vmatrix} a_{11} & 0 & 0 \\ a_{21} & a_{22} & a_{23} \\ a_{31} & a_{32} & a_{33} \end{vmatrix} + \begin{vmatrix} 0 & a_{12} & 0 \\ a_{21} & a_{22} & a_{23} \\ a_{31} & a_{32} & a_{33} \end{vmatrix} + \begin{vmatrix} 0 & 0 & a_{13} \\ a_{21} & a_{22} & a_{23} \\ a_{31} & a_{32} & a_{33} \end{vmatrix}$$

로 3개의 행렬식의 합으로 표시할 수 있다. 이 3개의 각 행렬식의 두 번째 행에 (Det3)을 적용하면

$$\begin{vmatrix} a_{11} & 0 & 0 \\ a_{21} & a_{22} & a_{23} \\ a_{31} & a_{32} & a_{33} \end{vmatrix} = \begin{vmatrix} a_{11} & 0 & 0 \\ a_{21} & 0 & 0 \\ a_{31} & a_{32} & a_{33} \end{vmatrix} + \begin{vmatrix} a_{11} & 0 & 0 \\ 0 & a_{22} & 0 \\ a_{31} & a_{32} & a_{33} \end{vmatrix} + \begin{vmatrix} a_{11} & 0 & 0 \\ 0 & 0 & a_{23} \\ a_{31} & a_{32} & a_{33} \end{vmatrix}$$

등으로 쓸 수 있고 마지막으로 각 행렬식의 세 번째 행에 (Det3)을 적용하면

$$\begin{vmatrix} a_{11} & 0 & 0 \\ a_{21} & 0 & 0 \\ a_{31} & a_{32} & a_{33} \end{vmatrix} = \begin{vmatrix} a_{11} & 0 & 0 \\ a_{21} & 0 & 0 \\ a_{31} & 0 & 0 \end{vmatrix} + \begin{vmatrix} a_{11} & 0 & 0 \\ a_{21} & 0 & 0 \\ 0 & a_{32} & 0 \end{vmatrix} + \begin{vmatrix} a_{11} & 0 & 0 \\ a_{21} & 0 & 0 \\ 0 & 0 & a_{33} \end{vmatrix}$$

등으로 쓸 수 있다.

따라서 3×3행렬의 행렬식은 $27 = 3^3$개의 행렬식의 합으로 표시할 수 있다. 같은 이유로 4×4행렬의 행렬식은 $4^4 = 256$개의 행렬식의 합으로 표시할 수 있고, 일반적으로 $n \times n$행렬의 행렬식은 n^n개의 행렬식의 합으로 표시할 수 있다.

행렬의 크기가 커지면 더해야할 항이 급격히 많아지는데 이 행렬식들 중 많은 것이 0이다.

그러면 어떤 행렬식이 0이 아닌가?

영인 열을 포함하는 행렬의 행렬식은 0이 된다. 3×3행렬인 경우 27개의 행

렬식 중 0이 아니어서 살아남는 것은

$$\begin{vmatrix} a_{11} & 0 & 0 \\ 0 & a_{22} & 0 \\ 0 & 0 & a_{33} \end{vmatrix} + \begin{vmatrix} a_{11} & 0 & 0 \\ 0 & 0 & a_{23} \\ 0 & a_{32} & 0 \end{vmatrix} + \begin{vmatrix} 0 & a_{12} & 0 \\ a_{21} & 0 & 0 \\ 0 & 0 & a_{33} \end{vmatrix}$$
$$+ \begin{vmatrix} 0 & a_{12} & 0 \\ 0 & 0 & a_{23} \\ a_{31} & 0 & 0 \end{vmatrix} + \begin{vmatrix} 0 & 0 & a_{13} \\ a_{21} & 0 & 0 \\ 0 & a_{32} & 0 \end{vmatrix} + \begin{vmatrix} 0 & 0 & a_{13} \\ 0 & a_{22} & 0 \\ a_{31} & 0 & 0 \end{vmatrix}$$

이다. 즉, 각 행과 열에서 한 성분씩을 선택한 행렬의 행렬식만 살아남는다. a_{11}이 선택되면 1행과 1열이 제외되고 2열에서 2행의 성분 a_{22} 가 선택되면 3열에서는 3행의 성분 a_{33}가 선택된다. 2열에서 3행의 성분 a_{32}가 선택되면 3열에서는 2행의 성분 a_{23}가 선택된다. a_{12}와 a_{13}에 대해서도 각각 2 개씩의 선택이 있다. 여기에 나타난 행렬식은 세 성분의 곱에 부호 (±)가 붙은 값이다.

우선 각 행을 몇 번 교환하여 대각행렬로 만들면 대각행렬의 행렬식은 (Det3)과 (Det1)에 의해 대각 성분의 곱이 된다. 이 대각행렬의 행렬식과 원래 행렬의 행렬식의 차이는 (Det2)에 의해서 두 행을 교환할 때 마다 -1이 곱해지는 차이가 난다.

예를 들어 행렬 $\begin{bmatrix} 0 & a_{12} & 0 \\ 0 & 0 & a_{23} \\ a_{31} & 0 & 0 \end{bmatrix}$은 두째 행과 세째 행을 한 번 교환하면 $\begin{bmatrix} 0 & a_{12} & 0 \\ a_{31} & 0 & 0 \\ 0 & 0 & a_{23} \end{bmatrix}$가 되고 첫째 행과 둘째 행을 한 번 더 교환하면 $\begin{bmatrix} a_{31} & 0 & 0 \\ 0 & a_{12} & 0 \\ 0 & 0 & a_{23} \end{bmatrix}$가 된다. 따라서 (Det2)에 의해서

$$\begin{vmatrix} 0 & a_{12} & 0 \\ 0 & 0 & a_{23} \\ a_{31} & 0 & 0 \end{vmatrix} = (-1) \begin{vmatrix} a_{31} & 0 & 0 \\ 0 & a_{12} & 0 \\ 0 & 0 & a_{23} \end{vmatrix} = (-1)^2 \begin{vmatrix} a_{31} & 0 & 0 \\ 0 & a_{12} & 0 \\ 0 & 0 & a_{23} \end{vmatrix}$$

이다. 여기서 (Det3)과 (Det1)에 의해 $\begin{vmatrix} a_{31} & 0 & 0 \\ 0 & a_{12} & 0 \\ 0 & 0 & a_{23} \end{vmatrix} = a_{31}a_{12}a_{23}$이다.

이상을 종합하면,

$$(4.3) \quad \begin{vmatrix} a_{11} & a_{12} & a_{13} \\ a_{21} & a_{22} & a_{23} \\ a_{31} & a_{32} & a_{33} \end{vmatrix} = a_{11}a_{22}a_{33} - a_{11}a_{23}a_{32} - a_{12}a_{21}a_{33} + a_{12}a_{23}a_{31} + a_{13}a_{21}a_{32} - a_{13}a_{22}a_{31}$$

여기서 6개의 항 중 3개는 + 부호가 다른 3개는 − 부호가 붙어있다. 이제 각 항의 부호를 결정하는 효율적인 방법을 생각해보자.

$$\begin{vmatrix} 0 & a_{12} & 0 \\ 0 & 0 & a_{23} \\ a_{31} & 0 & 0 \end{vmatrix} = (-1)^2 a_{12}a_{23}a_{31}$$

에서 행렬을 대각행렬로 만들기 위하여 두 행을 교환해야하는 횟수는 $2, 3, 1$의 두 수의 순서를 바꿔서 $1, 2, 3$으로 만들 수 있는 호환의 수와 같다. 즉,

$$2, 3, 1 \longrightarrow 2, 1, 3 \longrightarrow 1, 2, 3$$

으로 두 번의 호환이 필요하다.

이제 4×4행렬로 넘어가서, 역대각행렬의 행렬식

$$\begin{vmatrix} 0 & 0 & 0 & a_{14} \\ 0 & 0 & a_{23} & 0 \\ 0 & a_{32} & 0 & 0 \\ a_{41} & 0 & 0 & 0 \end{vmatrix} = +a_{14}a_{23}a_{32}a_{41}$$

에서 왜 + 부호가 붙어있는 지 생각해보자. 이 행렬 $\begin{bmatrix} 0 & 0 & 0 & a_{14} \\ 0 & 0 & a_{23} & 0 \\ 0 & a_{32} & 0 & 0 \\ a_{41} & 0 & 0 & 0 \end{bmatrix}$는 두 번 두 행을 교환하여 대각행렬 $\begin{bmatrix} a_{41} & 0 & 0 & 0 \\ 0 & a_{32} & 0 & 0 \\ 0 & 0 & a_{23} & 0 \\ 0 & 0 & 0 & a_{14} \end{bmatrix}$로 만들 수 있다. 이 행렬의 행렬식은 (Det3)에 의해 $a_{14}a_{23}a_{32}a_{41}$이다. 위의 역 대각행렬을 대각행렬로 만드는 데는 1행과 4행, 2행과 3행을 교환하기 위해서는 최소 두 번의 교환이 필요하다. 또는 4번, 6번의 교환을 이용하여 $\begin{bmatrix} 0 & 0 & 0 & a_{14} \\ 0 & 0 & a_{23} & 0 \\ 0 & a_{32} & 0 & 0 \\ a_{41} & 0 & 0 & 0 \end{bmatrix}$에서 시작하여 $\begin{bmatrix} a_{41} & 0 & 0 & 0 \\ 0 & a_{32} & 0 & 0 \\ 0 & 0 & a_{23} & 0 \\ 0 & 0 & 0 & a_{14} \end{bmatrix}$에 도달할 수 있다. 여기서 중요한 점은 어떤 경우이던 짝수 번의 교환만 허용된다는 사실이다. 부호는 두 행을 교환한 횟수가 짝수이면 $(-1)^{2k} = +1$, 두 행을 교환한 횟수가 홀수이면 $(-1)^{2k+1} = -1$이다.

3×3 행렬의 경우처럼 4×4행렬의 행렬식을 전개하면 $4^4 = 256$개의 항이

생기므로 모두 쓸 수는 없다. 대신 2×2 행렬, 3×3 행렬, 더 나아가 일반적인 $n \times n$행렬의 행렬식을 나타내는 공식을 구해보자.

3×3 행렬의 행렬식은 행렬식 6개 값의 합이고 2×2행렬의 경우는 행렬식 2개의 값의 합이었는데 반은 +부호 나머지 반은 −부호가 붙어있었다.

여기서 관찰할 수 있는 부호의 일반적인 패턴은 무엇인가?

4×4행렬인 경우 24개의 값의 합이었다. 즉, $n = 2, 3, 4$인 경우, 행렬식은 $2! = 2, 3! = 6, 4! = 24$개의 값의 합이라고 할 수 있다. $n = 5$이면 $5! = 120$, $n = 6$이면 $6! = 720$개의 합이다. 물론 이것들 중 반은 +부호, 반은 −부호가 붙어있다.

그러면 $n!$이라는 숫자는 어디서 나온 것일까?

첫 번째 행에서는 n개의 선택이 있다. 하나가 결정되면 두 번째 행에서는 그 열을 제외한 나머지 $n-1$개 중 선택할 수 있다. 그 다음 행에서는 $n-2$개 중 하나 선택할 수 있다. 이런 식으로 마지막 열까지 진행하면

$$a_{1\alpha_1} a_{2\alpha_2} \cdots a_{n\alpha_n}$$

을 얻을 수 있다. 여기서 $\alpha_1, \alpha_2, \cdots, \alpha_n$은 서로 다른 $1, 2, \cdots, n$ 값이다. 부호는 $\alpha_1, \alpha_2, \cdots, \alpha_n$을 몇 번 호환하여 $1, 2, \ldots, n$을 만들 수 있는 가에 의해 결정된다.

이상을 종합하여 다음 공식을 얻을 수 있다. 이 공식에는 항이 많이 있을 뿐 아니라 행렬식을 이 식을 이용하여 정의하는 경우가 흔하다.

정리 4.2.1. [진짜 공식(big formula)]

$$\det A = \sum \pm a_{1\alpha_1} a_{2\alpha_2} \cdots a_{n\alpha_n} \tag{4.4}$$

보기 4.2.2. (4.4)를 이용하여 항등행렬 I의 행렬식은 1임을 쉽게 보일 수 있다: (4.4)에서 $a_{1\alpha_1}a_{2\alpha_2}\cdots a_{n\alpha_n}$이 0이 아닌 경우는 $a_{11}a_{22}\cdots a_{nn}=1$ 뿐이다. 따라서

$$\begin{vmatrix} 1 & & & \\ & 1 & & \\ & & \ddots & \\ & & & 1 \end{vmatrix} = +1-0+\cdots\pm 0 = 1$$

이다.

지금 여기서 보는 것처럼 정리 4.2.1의 (4.4)를 행렬식의 정의라고 하고 (Det1)–(Det10)을 증명할 수 있다.

보기 4.2.3.

$$\begin{vmatrix} 0 & 0 & 1 & 1 \\ 0 & 1 & 1 & 0 \\ 1 & 1 & 0 & 0 \\ 1 & 0 & 0 & 1 \end{vmatrix} = +a_{14}a_{23}a_{32}a_{41} - a_{13}a_{22}a_{31}a_{44} = +1-1=0$$

물론 가우스 소거법을 사용하여 행렬식이 영임을 보일 수 도 있다. (4.4)를 사용하여 행렬식을 구해보자. 24개의 항 중 두 개의 항만이 살아남는데 치환 $(4,3,2,1)$의 부호는 +이고, $(3,2,1,4)$의 부호는 −이다. 따라서 이 행렬의 행렬식은 $+1-1=0$이다.

이 행렬의 행렬식이 0임을 보이는 방법은 여러가지가 있다. 우선 이 행렬의 영공간이 $\{\mathbf{0}\}$이 아님을 보여도 되고 영이 되는 행들의 일차결합이 존재함을 보여도 된다.

$r_1+r_3=(1,1,1,1)$이고 $r_2+r_4=(1,1,1,1)$이므로 $r_1-r_2+r_3-r_4=(0,0,0,0)$이다.

$c_1+c_3=\begin{bmatrix}1\\1\\1\\1\end{bmatrix}$이고 $c_2+c_4=\begin{bmatrix}1\\1\\1\\1\end{bmatrix}$이므로 $c_1-c_2+c_3-c_4=\begin{bmatrix}0\\0\\0\\0\end{bmatrix}$이다.

따라서

$$\begin{bmatrix}0&0&1&1\\0&1&1&0\\1&1&0&0\\1&0&0&1\end{bmatrix}\begin{bmatrix}1\\-1\\1\\-1\end{bmatrix}=\begin{bmatrix}0\\0\\0\\0\end{bmatrix}$$

이어서 $=\begin{bmatrix}1\\-1\\1\\-1\end{bmatrix}$이 영공간에 속한다. 이 행렬은 0인 성분이 많아서 (4.4)를 이용하여 쉽게 행렬식을 구할 수 있는 경우이다.

4.2.3 여인자 공식

이제 행렬식을 구하는 또 다른 공식에 대해서 생각해보자. 이 공식은 $n\times n$행렬의 행렬식을 크기가 하나 작은 $(n-1)\times(n-1)$행렬의 행렬식과 관계를 맺어주는 식이다. 따라서 귀납적인 방법으로 모든 크기의 행렬의 행렬식을 정의할 수 있다.

3×3 행렬인 경우부터 시작해 보자. (4.4)를 이용하고 공통인 항으로 묶으면

$$\begin{vmatrix} a_{11} & a_{12} & a_{13} \\ a_{21} & a_{22} & a_{23} \\ a_{31} & a_{32} & a_{33} \end{vmatrix} = a_{11}(a_{22}a_{33} - a_{23}a_{32})$$
$$+ a_{12}(-a_{21}a_{33} + a_{23}a_{31}) + a_{13}(a_{21}a_{32} - a_{22}a_{31})$$

이다. a_{11}의 여인자는 a_{11}와 같이 가는 항들로 $a_{22}a_{33} - a_{23}a_{32}$이다. 이 값은 3×3행렬의 1행과 1열을 제외한 행렬의 행렬식이다. a_{12}의 여인자는 $(-a_{21}a_{33} + a_{23}a_{31})$인데 이 값은 행렬의 1행과 2열의 제외한 행렬의 행렬식에 부호를 –로 붙인 값이다. a_{13}의 여인자도 마찬가지로 정의할 수 있다. 여기서 주의할 점은 여인자에는 부호가 붙어 있다는 점이다.

이상을 일반화하면

$$a_{ij}\text{의 여인자} = \pm \begin{vmatrix} i\text{행 } j\text{열이 제거된} \\ (n-1)\times(n-1)\text{ 행렬} \end{vmatrix}$$

이고 C_{ij}로 표기한다. 여기서 부호는 3×3행렬의 행렬식에서 보는 것처럼 $i+j$가 짝수면 +, 홀수면 –이다. 부호가 붙어 있지 않은 값은 소행렬식(minor)이라고 한다.

정리 4.2.2 (여인자 공식).

$$|A| = a_{11}C_{11} + a_{12}C_{12} + \cdots + a_{1n}C_{1n} \tag{4.5}$$

이 공식에서는 행렬 A의 제1행의 여인자들이 쓰였으므로 제1행을 따른 여인자 공식이라고 한다. 이 공식은 $n\times n$행렬의 행렬식을 $(n-1)\times(n-1)$행렬의 행렬식들로 표시하고 또 이 여인자들이 각각 $(n-2)\times(n-2)$행렬의 행렬식들로

표시하는 것을 계속하여 귀납적으로 행렬식을 구할 수 있게 해준다.

보기 4.2.4. (4.5)을 이용하여 2×2행렬의 행렬식을 계산해 보자.

$$\begin{vmatrix} a & b \\ c & d \end{vmatrix} = aC_{11} + bC_{12}$$

인데 $C_{11} = d$이고 $C_{12} = -c$이다. 따라서

$$\begin{vmatrix} a & b \\ c & d \end{vmatrix} = ad + b(-c) = ad - bc$$

이다.

§4.1에서 행렬식이 축의 곱으로 표시됨을 알았다. 이 공식도 매우 중요한데 축에 굉장히 중요한 정보가 들어 있다. 가우스 소거법을 이용하여 축을 만들 때 위에서 보았던 여러가지 복잡한 값들이 포함되게 된다. 진짜 공식 (4.4)은 복잡한 값들이 펼쳐져 있는 식이고 여인자 공식 (4.5)은 그 중간이라고 할 수 있다.

보기 4.2.5 (3대각행렬(3 diagonal matrix)의 행렬식).

$$A_4 = \begin{bmatrix} 1 & 1 & 0 & 0 \\ 1 & 1 & 1 & 0 \\ 0 & 1 & 1 & 1 \\ 0 & 0 & 1 & 1 \end{bmatrix}$$

처럼 대각선과 그 위, 아래의 성분들이 1이고 나머지 성분들은 0인 행렬이다. $A_1 = [1], A_2 = \begin{bmatrix} 1 & 1 \\ 1 & 1 \end{bmatrix}$이어서 $|A_1| = 1, |A_2| = 0$이다.

$$A_3 = \begin{bmatrix} 1 & 1 & 0 \\ 1 & 1 & 1 \\ 0 & 1 & 1 \end{bmatrix}$$ 이어서 $|A_3| = -1$임을 쉽게 보일 수 있다. 우선 $|A_3|$를 계산하기 위해서 공식의 $3! = 6$개의 합을 구하면 된다. 다른 방법으로 A_3의 3

행을 2행에서 빼면

$$\begin{bmatrix} 1 & 1 & 0 \\ 1 & 0 & 0 \\ 0 & 1 & 1 \end{bmatrix}$$

이 되고 이 행렬의 행렬식을 제2행을 따른 여인자 공식을 이용하여 구하면

$$-1\begin{vmatrix} 1 & 0 \\ 1 & 1 \end{vmatrix} = -1$$

이 된다.

이제 $|A_4|$를 구해보자. 제1행을 따른 여인자 공식을 이용하면

$$\begin{vmatrix} 1 & 1 & 0 & 0 \\ 1 & 1 & 1 & 0 \\ 0 & 1 & 1 & 1 \\ 0 & 0 & 1 & 1 \end{vmatrix} = 1\begin{vmatrix} 1 & 1 & 0 \\ 1 & 1 & 1 \\ 0 & 1 & 1 \end{vmatrix} - 1\begin{vmatrix} 1 & 1 & 0 \\ 0 & 1 & 1 \\ 0 & 1 & 1 \end{vmatrix}$$

이다. 여기서 $\begin{vmatrix} 1 & 1 & 0 \\ 1 & 1 & 1 \\ 0 & 1 & 1 \end{vmatrix} = A_3$이고

$$\begin{vmatrix} 1 & 1 & 0 \\ 0 & 1 & 1 \\ 0 & 1 & 1 \end{vmatrix} = 1\begin{vmatrix} 1 & 1 \\ 1 & 1 \end{vmatrix} - 1\begin{vmatrix} 0 & 1 \\ 0 & 1 \end{vmatrix} = 1\,|A_2| - 1 \cdot 0$$

이다. 따라서

$$|A_4| = 1\,|A_3| - 1\,|A_2|$$

이다.

일반적으로

정리 4.2.3.

$$|A_n| = 1\,|A_{n-1}| - 1\,|A_{n-2}|, \quad n \geq 3$$

증명 $A_n = \begin{bmatrix} 1 & 1 & 0 & & \cdots \\ 1 & 1 & 1 & 0 & \cdots \\ 0 & 1 & 1 & 1 & \cdots \\ & & & \vdots & \end{bmatrix}$의 행렬식을 제1행을 따른 여인자 공식으로 쓰면

$$|A_n| = 1\begin{vmatrix} 1 & 1 & 0 & 0 & \cdots \\ 1 & 1 & 1 & 0 & \cdots \\ 0 & 1 & 1 & 0 & \cdots \\ & & & \vdots & \end{vmatrix} - 1\begin{vmatrix} 1 & 1 & & 0 & \cdots & 0 \\ 0 & & & & & \\ \vdots & & A_{n-2} & & & \\ 0 & & & & & \end{vmatrix}$$

인데

$$\begin{vmatrix} 1 & 1 & & 0 & \cdots & 0 \\ 0 & & & & & \\ \vdots & & A_{n-2} & & & \\ 0 & & & & & \end{vmatrix} = 1\,|A_{n-2}| - 1\begin{vmatrix} 0 & & \\ 0 & & \\ \vdots & * & \\ 0 & & \end{vmatrix} = |A_{n-2}|$$

이다. 따라서

$$|A_n| = 1\,|A_{n-1}| - 1\,|A_{n-2}|, \quad n \geq 3$$

이다. □

$|A_n|$의 값을 차례대로 써보면

$$|A_1| = 1, |A_2| = 0, |A_3| = -1, |A_4| = -1, |A_5| = 0, |A_6| = 1$$

이고 $|A_7| = 1, |A_8| = 0$이어서 다시 같은 패턴이 반복된다. 이 사실을 이용하여

n이 큰 값인 경우도 $|A_n|$을 쉽게 계산해 볼 수 있다. 예를 들면 $|A_{61}| = |A_1| = 1$ 이다.

4.2.4 연습 문제

문제 4.2.1. 진짜 공식(big formula) 이용하여 $\begin{bmatrix} 0 & 1 & 0 & 0 \\ 1 & 0 & 1 & 0 \\ 0 & 1 & 0 & 1 \\ 0 & 0 & 1 & 0 \end{bmatrix}$의 행렬식을 구하시오.

문제 4.2.2. 여인자 공식 이용하여 $\begin{bmatrix} 1 & 1 & 0 & 0 \\ 1 & 1 & 1 & 0 \\ 0 & 1 & 1 & 1 \\ 0 & 0 & 1 & 1 \end{bmatrix}$의 행렬식을 구하시오.

문제 4.2.3. 진짜 공식(Big Formula)을 이용하여 $\begin{bmatrix} 5 & 0 & 0 & 0 \\ 0 & 0 & -1 & 0 \\ 0 & 0 & 0 & 3 \\ 0 & -2 & 0 & 0 \end{bmatrix}$의 행렬식을 구하시오.

문제 4.2.4. 여인자 공식을 이용하여 $\begin{bmatrix} 1 & 2 & 3 \\ -4 & 5 & 6 \\ 7 & -8 & 9 \end{bmatrix}$의 행렬식을 구하시오.

문제 4.2.5. 행렬 $\begin{bmatrix} 4 & -2 & -2 \\ -1 & -5 & 8 \\ -6 & 3 & -7 \end{bmatrix}$의 여인자 $C_{ij},\ i, j = 1, 2, 3$을 모두 구하시고.

4.3 역행렬과 크레이머 공식, 부피

이 절는 행렬식의 응용에 대한 절이다. 지난 두 절에서 행렬식의 성질과 공식을 얻었다. 행렬식에는 행렬의 많은 정보가 포함되어 있고 지금까지 공식 없이 계산할 수 있었던 여러가지 공식을 행렬식을 이용하여 만들 수 있다.

4.3.1 역행렬

2×2 가역행렬의 역행렬은

$$\begin{bmatrix} a & b \\ c & d \end{bmatrix}^{-1} = \frac{1}{ad-bc}\begin{bmatrix} d & -b \\ -c & a \end{bmatrix}$$

이다. 여기서 행렬이 가역행렬이므로

$$ad - bc = \det\begin{bmatrix} a & b \\ c & d \end{bmatrix} \neq 0$$

이고 d는 a의 여인자이고 $-b$는 c의 여인자이다. 즉, $\begin{bmatrix} d & -b \\ -c & a \end{bmatrix}$는 $\begin{bmatrix} a & b \\ c & d \end{bmatrix}$의 여인자행렬의 전치행렬이다.

그러면 3×3행렬의 역행렬은 어떻게 나타낼 수 있을까?

$$A = \begin{bmatrix} a & b & c \\ d & e & f \\ g & h & i \end{bmatrix}, \quad A^{-1} = \frac{1}{\det A}\begin{bmatrix} \square & - & - \\ - & - & - \\ - & - & - \end{bmatrix}$$

A^{-1}의 $(1,1)$ 성분 □은 행렬 A의 $(1,1)$ 여인자, 즉, $\begin{vmatrix} e & f \\ h & i \end{vmatrix}$이다. $(1,2)$ 성분은 A의 $(2,1)$ 여인자, 즉, $-1 \cdot \begin{vmatrix} b & c \\ h & i \end{vmatrix}$이다. 여인자에는 부호 $(-1)^{i+j}$가 붙어 있

음에 유의해야 한다.

정리 4.3.1. 일반적으로 가역행렬 A의 역행렬은

$$A^{-1} = \frac{1}{\det A} C^T \tag{4.6}$$

이다. 여기서 $\det A$는 $n \times n$ 행렬 A의 행렬식이고 여인자 행렬 C는 A의 $(n-1)\times(n-1)$ 부분행렬의 행렬식에 의해서 결정되는 행렬이다.

증명 (4.6)을 증명하기 위해서는

$$AC^T = (\det A)I$$

를 보이면 된다.

$$AC^T = \begin{bmatrix} a_{11} & a_{12} & \cdots & a_{1n} \\ \vdots & \vdots & & \vdots \\ a_{n1} & a_{n2} & \cdots & a_{nn} \end{bmatrix} \begin{bmatrix} c_{11} & \cdots & c_{n1} \\ c_{12} & \cdots & c_{n2} \\ \vdots & & \vdots \\ c_{1n} & \cdots & c_{nn} \end{bmatrix}$$

의 대각선 성분들은, 예를 들어 (1,1) 성분은

$$\begin{bmatrix} a_{11} & a_{12} & \cdots & a_{1n} \end{bmatrix} \begin{bmatrix} c_{11} \\ c_{12} \\ \vdots \\ c_{1n} \end{bmatrix} = a_{11}c_{11} + a_{12}c_{12} + \cdots + a_{1n}c_{1n} = \det A$$

이다. 여기에 여인자 공식이 쓰였다.

한 편 이 곱의 대각선이 아닌 성분은, 예를 들면 (1,2) 성분은

$$\begin{bmatrix} a_{11} & a_{12} & \cdots & a_{1n} \end{bmatrix} \begin{bmatrix} c_{21} \\ c_{22} \\ \vdots \\ c_{2n} \end{bmatrix} = a_{11}c_{21} + a_{12}c_{22} + \cdots a_{1n}c_{2n} = 0$$

이다. □

2×2행렬의 경우 $\begin{bmatrix} a & b \end{bmatrix} \begin{bmatrix} -b \\ a \end{bmatrix} = a(-b) + ba = 0$ 이다. 그러면

$$a_{11}c_{21} + a_{12}c_{22} + \cdots a_{1n}c_{2n}$$

는 무엇인가? 이 식은 행렬 A의 두 번째 행을 첫 번째 행으로 대치한 행렬의 행렬식이다. 이 행렬의 행렬식은 (Det4)에 의해 영이다.

> 행렬 A의 성분 하나가 달라지면 역행렬 A^{-1}, 행렬식 $\det A$와 여인자 행렬 C^T에는 어떤 변화가 있나?

예를 들어 A의 (1,1) 성분에 1을 더해보자. 어떤 변화가 있을 지는 여인자 공식과 (4.6)에 답이 있다.

4.3.2 크레이머 공식

두 번째 응용으로 A가 가역행렬일 때 $A\boldsymbol{x} = \boldsymbol{b}$의 해를 구해보자.

정리 4.3.2 (크레이머 공식(Cramer formula)). A가 가역행렬일 때 $Ax = b$의 해는

$$x_1 = \frac{\det B_1}{\det A}, x_2 = \frac{\det B_2}{\det A}, \cdots, x_n = \frac{\det B_n}{\det A}$$

이다. 여기서 행렬 B_j는 A의 j번째 열을 b로 대치한 행렬이다.

증명

$$x = A^{-1}b = \frac{1}{\det A}C^T b$$

이므로 x_i는

$$x_i = \frac{1}{\det A}\begin{bmatrix} c_{1i} & c_{1i} & \cdots & c_{ni} \end{bmatrix}\begin{bmatrix} b_1 \\ b_2 \\ \vdots \\ b_n \end{bmatrix} = \frac{\det B_i}{\det A}$$

이다. □

여기서는 행렬식을 계산할 때 i번째 열을 따른 여인자 공식을 이용하였다. 여인자 공식을 이용하지 않는 증명이 있다.

이 공식은 아름답지만 실용적이지는 않다. 소거법을 이용하여 순식간에 $A\boldsymbol{x} = \boldsymbol{b}$를 구할 수 있지만 크레이머 공식을 이용하기 위해서는 $(n+1)$개의 행렬 $A, B_1, \cdots, B_n$의 행렬식을 구해야 한다. 따라서 매트랩 등에서 $A\boldsymbol{x} = \boldsymbol{b}$를 구하는데 크레이머 공식을 이용하지 않는다.

4.3.3 행렬식과 부피

행렬 $A = \begin{bmatrix} a_{11} & a_{12} & a_{13} \\ a_{21} & a_{22} & a_{23} \\ a_{31} & a_{32} & a_{33} \end{bmatrix}$의 행벡터 $\begin{bmatrix} a_{11} \\ a_{12} \\ a_{13} \end{bmatrix}, \begin{bmatrix} a_{21} \\ a_{22} \\ a_{23} \end{bmatrix}, \begin{bmatrix} a_{31} \\ a_{32} \\ a_{33} \end{bmatrix}$로 이루어진 평행육면체(parallelopiped)의 부피(volume)와 A의 행렬식의 관계를 알아보자.

$A = I$이면 행벡터들이 만드는 박스는 정육면체(cube)이고 부피는 1이다. $A = Q$가 직교행렬일 때 Q의 행벡터들이 만드는 박스는 정육면체이고 부피는 1이다. 이 박스는 I가 만드는 정육면체를 회전한 것이다. 직교행렬 Q는 $Q^TQ = I$를 만족하므로 (Det9), (Det10), (Det1)에 의해 $(\det Q)^2 = 1$이다. 따라서 $\det Q = \pm 1$이다.

행렬 A가 특별히 단위행렬이거나 직교행렬인 경우 부피와 행렬식이 같다는 것을 보였다. 이제 일반적인 행렬 A로 돌아가서 세 행벡터가 만드는 평행육면체의 부피를 생각하자.

이 평행육면체의 한 변을 두 배로 늘리면 평행육면체의 부피는 두 배로 늘어나고 행렬도 한 행이 2배가 되므로 (Det3a)에 의해 행렬식도 2배가 된다. 평행육면체의 변의 순서를 바꿔도 부피는 변하지 않는다. 따라서 평행육면체의 부피도 (Det2)를 만족한다. 이제 평행육면체의 부피가 (Det3b)를 만족하는지 알아보자.

2×2행렬인 경우 평행육면체 대신 평행사변형(parallelogram), 부피 대신 넓이(area)를 사용한다. (Det3b)는

$$\begin{bmatrix} a+a' & b+b' \\ c & d \end{bmatrix} = \begin{bmatrix} a & b \\ c & d \end{bmatrix} + \begin{bmatrix} a' & b' \\ c & d \end{bmatrix}$$

이다.

평행사변형의 넓이나 평행육면체의 부피는 초보적인 방법으로도 구할 수 있는데 행렬식을 이용하면 길이나 각도, 높이 등을 계산할 필요 없이 쉽게 계산할 수 있다. 같은 방법으로 삼각형의 넓이도 계산할 수 있다. 평행사변형을 반으로

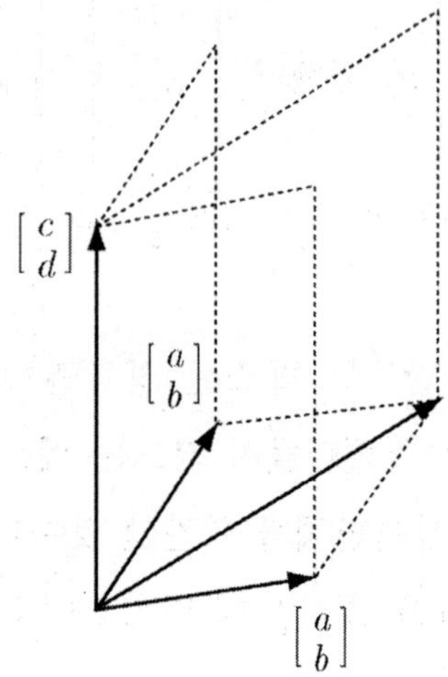

그림 4.1: 두 평행사변형의 넓이의 합

자르면 삼각형인데 삼각형의 넓이는

$$\frac{1}{2}(\text{밑변} \times \text{높이})$$

인 것을 알고 있다. 행렬식을 이용하면 $\begin{bmatrix} a \\ b \end{bmatrix}$와 $\begin{bmatrix} c \\ d \end{bmatrix}$를 두 면으로 하는 삼각형의 넓이는

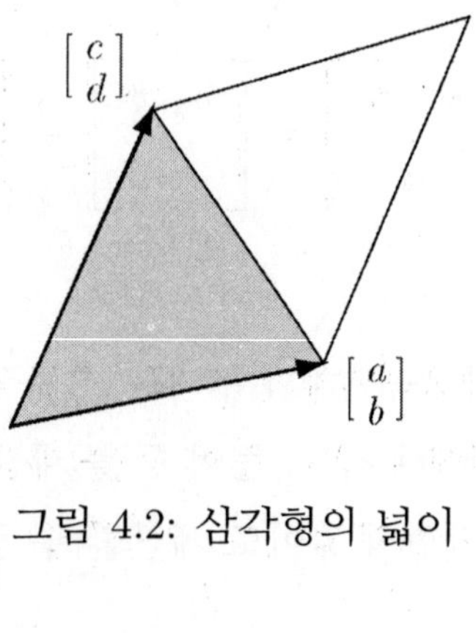

그림 4.2: 삼각형의 넓이

$$\frac{1}{2}\det\begin{bmatrix} a & b \\ c & d \end{bmatrix} = \frac{1}{2}(ad - bc)$$

이다.

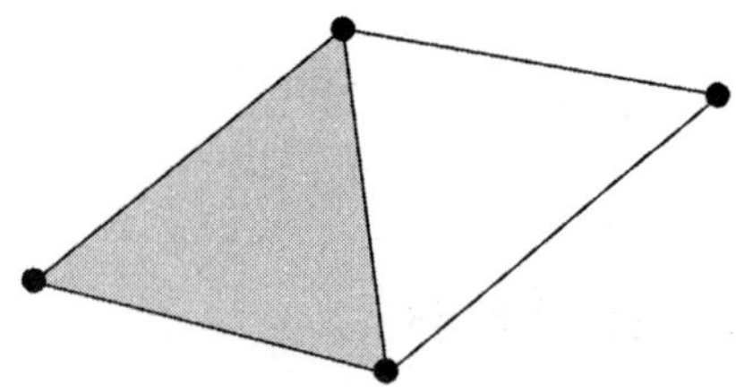

그림 4.3: 세 꼭지점이 주어진 삼각형의 넓이

이제

삼각형의 세 꼭지점이 $(x_1, y_1), (x_2, y_2), (x_3, y_3)$라고 하면 이 삼각형의 넓이는

$$\frac{1}{2}\begin{vmatrix} x_1 & y_1 & 1 \\ x_2 & y_2 & 1 \\ x_3 & y_3 & 1 \end{vmatrix} \tag{4.7}$$

이다.

증명

$$\frac{1}{2}\begin{vmatrix} x_1 & y_1 & 1 \\ x_2 & y_2 & 1 \\ x_3 & y_3 & 1 \end{vmatrix} = \frac{1}{2}\begin{vmatrix} x_1 & y_1 & 1 \\ x_2 - x_1 & y_2 - y_1 & 0 \\ x_3 - x_1 & y_3 - y_1 & 0 \end{vmatrix} = \frac{1}{2}\begin{vmatrix} x_2 - x_1 & y_2 - y_1 \\ x_3 - x_1 & y_3 - y_1 \end{vmatrix}$$

이고 이 값은 주어진 삼각형을 $(-x_1, -y_1)$ 만큼 평행이동 한 삼각형의 넓이이다. 삼각형의 넓이는 평행이동 하여도 변하지 않으므로 (4.7)이 증명되었다.

□

4.3.4 연습 문제

문제 4.3.1. 크레이머 공식을 이용하여

$$\begin{aligned} 6x + 7y &= 61 \\ -3x - 6y &= -33 \end{aligned}$$

의 해를 구하시오.

문제 4.3.2. 꼭지점이

$$\begin{bmatrix} -5 \\ 1 \end{bmatrix}, \begin{bmatrix} -16 \\ 6 \end{bmatrix}, \begin{bmatrix} 1 \\ -2 \end{bmatrix}, \begin{bmatrix} -10 \\ 3 \end{bmatrix}$$

인 평행사변형의 넓이를 구하시오.

문제 4.3.3. 꼭지점이

$$\begin{bmatrix} 3 \\ 3 \end{bmatrix}, \begin{bmatrix} 7 \\ 6 \end{bmatrix}, \begin{bmatrix} 6 \\ 10 \end{bmatrix}$$

인 삼각형의 넓이를 구하시오.

문제 4.3.4. $\det \begin{bmatrix} k & 3 & 5 \\ k & -6 & 5 \\ 1 & -9 & k \end{bmatrix} = 0$ 인 k를 모두 구하시오.

문제 4.3.5. $f(x) = \det \begin{bmatrix} -5 & 7 & -1 & -9 & -6 \\ 6 & 0 & -6 & -5 & -8 \\ -6 & 0 & 0 & -1 & 3 \\ x & -4 & 5 & 7 & 1 \\ 1 & 0 & 0 & 0 & 7 \end{bmatrix}$ 일 때 $f'(x)$를 구하시오.

제 5 장

고유값과 고유벡터

5.1 고유값과 고유벡터

이 절은 고유값과 고유벡터에 관한 절이다. 이 절에서는 행렬이 정사각행렬일 때 특별한 숫자(고유값)와 특별한 벡터(고유벡터)를 구하는 방법을 알아본다. §5.2 에서는 고유값과 고유벡터를 어떻게 구하고 왜 필요한지에 대해서 알아본다.

5.1.1 고유값과 고유벡터

벡터 $\boldsymbol{x}$에 대하여 $A\boldsymbol{x}$를 대응시키는 관계를 함수로 생각하여 $\boldsymbol{x}$를 입력벡터 $A\boldsymbol{x}$를 출력벡터라고 하자. 입력벡터 $\boldsymbol{x} \neq \mathbf{0}$와 출력벡터 $A\boldsymbol{x}$가 평행일 때 $\boldsymbol{x}$를 A의 고유벡터라고 한다. $\boldsymbol{x}$와 $A\boldsymbol{x}$가 평행이면

$$A\boldsymbol{x} = \lambda \boldsymbol{x} \tag{5.1}$$

인 $\lambda \in \mathbb{R}$가 존재한다. 이 λ를 행렬 A의 고유값(eigenvalue, characteristic value)이라고 하고 $\boldsymbol{x}$를 λ에 대응하는 A의 고유벡터(eigenvector, characteristic vector)이라고 한다.

$\boldsymbol{x} = \mathbf{0}$인 경우 모든 $\lambda \in \mathbb{R}$에 대해 (5.1)이 성립하므로 이 경우는 더 이상 고려하지 않는다. $\lambda = 0$가 행렬 A의 고유값이려면 방정식 $A\boldsymbol{x} = \mathbf{0}$의 영이 아닌 해가 존재해야 한다. 따라서 A가 특이행렬인 경우 $\lambda = 0$가 A의 고유값이 된다.

(5.1)는 $\boldsymbol{x}$와 λ가 동시에 미지수인 방정식이다. 단순히 소거법을 이용하여 $\boldsymbol{x}$와 λ를 동시에 결정할 수 는 없다. 대신 행렬식을 이용한다.

보기 5.1.1 (사영행렬의 고유값과 고유벡터)**.** W를 $\mathbb{R}^3$의 2차원 부분공간이라고 하고 P를 W로의 사영행렬이라고 하자. 사영행렬을 $P = A(A^TA)^{-1}A^T$로 나타내지 않고 직관적으로 사영행렬의 고유값과 고유벡터를 구하는 방법을 생각해 보자.

(1) $\boldsymbol{x} \in W$에 대해서

$$P\boldsymbol{x} = \boldsymbol{x},$$

즉, $P\boldsymbol{x} = 1 \cdot \boldsymbol{x}$이므로 $\lambda = 1$이 이 사영행렬의 고유값이 된다. 따라서 W에 속하는 일차독립인 두 벡터는 고유값 $\lambda = 1$에 대응하는 사영행렬 P의 고유벡터가 된다.

(2) $\boldsymbol{x}$가 W에 수직인 경우는

$$P\boldsymbol{x} = \mathbf{0}$$

이다. 즉, $P\boldsymbol{x} = 0 \cdot \boldsymbol{x}$이므로 $\lambda = 0$이 고유값이 된다.

보기 5.1.2. 치환행렬 $A = \begin{bmatrix} 0 & 1 \\ 1 & 0 \end{bmatrix}$의 고유값과 고유벡터를 구해보자. $\boldsymbol{x} = \begin{bmatrix} x_1 \\ x_2 \end{bmatrix}$라고 하면

$$A\boldsymbol{x} = \begin{bmatrix} 0 & 1 \\ 1 & 0 \end{bmatrix} \begin{bmatrix} x_1 \\ x_2 \end{bmatrix} = \begin{bmatrix} x_2 \\ x_1 \end{bmatrix}$$

이다. $\begin{bmatrix} x_1 \\ x_2 \end{bmatrix}$ 이 행렬 A의 고유벡터가 되려면 입력벡터 $\begin{bmatrix} x_1 \\ x_2 \end{bmatrix}$와 출력벡터 $\begin{bmatrix} x_2 \\ x_1 \end{bmatrix}$가 평행이어야 한다. 즉, $\begin{bmatrix} x_2 \\ x_1 \end{bmatrix} = \lambda \begin{bmatrix} x_1 \\ x_2 \end{bmatrix}$를 만족하는 λ와 x_1, x_2를 구하면 된다.

$$\boldsymbol{u} = \begin{bmatrix} 1 \\ 1 \end{bmatrix} \text{이면} \quad A\boldsymbol{u} = \begin{bmatrix} 0 & 1 \\ 1 & 0 \end{bmatrix} \begin{bmatrix} 1 \\ 1 \end{bmatrix} = \begin{bmatrix} 1 \\ 1 \end{bmatrix} = 1 \cdot \begin{bmatrix} 1 \\ 1 \end{bmatrix}$$

이다. 따라서 $\lambda_1 = 1$이 행렬 A의 고유값이고 $\boldsymbol{u} = \begin{bmatrix} 1 \\ 1 \end{bmatrix}$이 $\lambda_1 = 1$에 대응하는 고유벡터이다.

$$\boldsymbol{v} = \begin{bmatrix} 1 \\ -1 \end{bmatrix} \text{이면} \quad A\boldsymbol{v} = \begin{bmatrix} 0 & 1 \\ 1 & 0 \end{bmatrix} \begin{bmatrix} 1 \\ -1 \end{bmatrix} = \begin{bmatrix} -1 \\ 1 \end{bmatrix} = -1 \cdot \begin{bmatrix} 1 \\ -1 \end{bmatrix}$$

이다. 따라서 $\lambda_2 = -1$이 행렬 A의 고유값이고 $\boldsymbol{v} = \begin{bmatrix} 1 \\ -1 \end{bmatrix}$이 $\lambda_2 = -1$에 대응하는 고유벡터이다. 여기서 행렬 A의 고유값들의 합 $\lambda_1 + \lambda_2 = 0$이다. 이 행렬의 대각합(trace) $tr(A)$도 0이다.

일반적으로 다음과 같은 정리가 성립한다.

정리 5.1.1. 행렬 A의 고유값들의 합 $\lambda_1 + \lambda_2 + \cdots + \lambda_n$은 행렬$A$의 대각합 $tr(A) = a_{11} + a_{22} + \cdots + a_{nn}$과 같다.

따라서 보기 5.1.2에서 대각합은 $0 + 0 = 0$이므로 $\lambda_1 = 1$이 A의 고유값이면 정리 5.1.1에 의해서 $\lambda_2 = -1$도 A의 고유값임을 알 수 있다.

5.1.2 특성방정식

지금부터 $n\times n$ 행렬 A에 대해서

$$A\boldsymbol{x} = \lambda\boldsymbol{x}$$

를 만족하는 $\boldsymbol{x} \neq \mathbf{0}$와 λ를 구하는 방법을 생각해 보자. 이 식을 다시 쓰면

$$(A - \lambda I)\boldsymbol{x} = \mathbf{0} \tag{5.2}$$

이다.

동차방정식 (5.2)의 영이 아닌 해가 존재하려면 $A - \lambda I$가 특이행렬이어야 한다. 즉,

$$\det(A - \lambda I) = 0 \tag{5.3}$$

이어야 한다.

(5.3)은 λ에 대한 n차 방정식이 되는데 이 방정식을 특성방정식(characteristic equation)이라고 한다. 이 특성방정식은 중복도를 고려하면 n개의 근을 갖지만 이 고유값들에 대응하는 n개의 서로 독립인 고유벡터가 존재하는 것은 아니다. 이 사실이 앞으로 여러가지 문제를 일으킨다.

행렬 A의 고유값과 고유벡터를 구하기 위해서 우선 특성방정식 (5.3)을 만족하는 λ를 구하고 이 λ에 대하여 소거법을 이용하여 (5.2)를 만족하는 $\boldsymbol{x}$를 구한다.

보기 5.1.3. $A = \begin{bmatrix} 3 & 1 \\ 1 & 3 \end{bmatrix}$은 대칭행렬이다. §5.3에서 증명하게 되겠지만 대칭행렬의 고유값은 모두 실수이고 서로 다른 고유값에 대응하는 고유벡터는 서로 수직이다. 보기 5.1.2와 여기서 이 사실을 확인해 볼 수 있다.

먼저 고유값을 구하기 위하여 특성다항식을 계산해 보면

$$\det(A-\lambda I) = \begin{vmatrix} 3-\lambda & 1 \\ 1 & 3-\lambda \end{vmatrix} = (3-\lambda)^2 - 1$$
$$= \lambda^2 - 6\lambda + 8 = (\lambda-2)(\lambda-4) = 0$$

이다. 따라서 행렬 A의 고유값은

$$\lambda_1 = 4, \lambda_2 = 2$$

이다. 여기서 2차방정식의 계수 -6과 8은

$$-6 = -\operatorname{tr} A, \quad 8 = \det A$$

를 만족한다.

이제 이 고유값에 대응하는 A의 고유벡터를 구해보자.

(1) $\lambda_1 = 4 : A - 4I = \begin{bmatrix} -1 & 1 \\ 1 & -1 \end{bmatrix}$에 소거법을 적용하여 영공간을 구하면 $\boldsymbol{u} = \begin{bmatrix} 1 \\ 1 \end{bmatrix}$이 $\lambda_1 = 4$에 대응하는 고유벡터이다.

(2) $\lambda_2 = 2 : A - 2I = \begin{bmatrix} 1 & 1 \\ 1 & 1 \end{bmatrix}$에 소거법을 적용하여 영공간을 구하면 $\boldsymbol{v} = \begin{bmatrix} -1 \\ 1 \end{bmatrix}$이 $\lambda_2 = 2$에 대응하는 고유벡터이다.

> 여기서 보기 5.1.2와 보기 5.1.3의 두 행렬 $\begin{bmatrix} 0 & 1 \\ 1 & 0 \end{bmatrix}$과 $\begin{bmatrix} 3 & 1 \\ 1 & 3 \end{bmatrix}$은 어떤 관계가 있는지 알아보고 이 관계가 두 행렬의 고유값에는 어떤 영향을 미치는지 살펴보자.

$\begin{bmatrix} 0 & 1 \\ 1 & 0 \end{bmatrix}$에 $3I$를 더하면 $\begin{bmatrix} 3 & 1 \\ 1 & 3 \end{bmatrix}$이 된다. 즉,

$$A = \begin{bmatrix} 0 & 1 \\ 1 & 0 \end{bmatrix} \text{이면} \quad A + 3I = \begin{bmatrix} 3 & 1 \\ 1 & 3 \end{bmatrix}$$

이다. $\begin{bmatrix} 0 & 1 \\ 1 & 0 \end{bmatrix}$의 고유값에 3을 더하면 $\begin{bmatrix} 3 & 1 \\ 1 & 3 \end{bmatrix}$의 고유값이 되고 고유벡터는 변하지 않는다.

일반적으로 $A\boldsymbol{x} = \lambda\boldsymbol{x}$이면 같은 $\boldsymbol{x}$에 대해서

$$(A + aI)\boldsymbol{x} = \lambda\boldsymbol{x} + a\boldsymbol{x} = (\lambda + a)\boldsymbol{x}$$

이다.

반면에 λ가 행렬 A의 고유값이고 μ가 행렬 B의 고유값이라고 $\lambda+\mu$가 $A+B$의 고유값이 되는 것은 아니다. 즉, $A\boldsymbol{x} = \lambda\boldsymbol{x}$이고 $B\boldsymbol{x} = \mu\boldsymbol{x}$이라도 $(A+B)\boldsymbol{x} = (\lambda + \mu)\boldsymbol{x}$라고는 할 수 없다.

보기 5.1.4 (반시계 방향으로 90° 회전).

$$Q = \begin{bmatrix} \cos 90^\circ & -\sin 90^\circ \\ \sin 90^\circ & \cos 90^\circ \end{bmatrix} = \begin{bmatrix} 0 & -1 \\ 1 & 0 \end{bmatrix}$$

이 행렬의 대각합과 행렬식은

$$\operatorname{tr} Q = 0, \quad \det Q = 1$$

이다. 이 행렬의 고유값을 λ_1, λ_2라고 하면

$$\lambda_1 + \lambda_2 = -\operatorname{tr} Q = 0,$$
$$\lambda_1 \cdot \lambda_2 = \det Q = 1$$

을 만족한다.

> 고유값 λ_1과 λ_2를 특성방정식을 이용하여 구하기 전에 고유벡터와 고유값의 정의를 이용하여 어떤 값들이 고유값이 될 수 있는지 생각해 보자.

Q는 벡터를 반시계 방향으로 90° 회전하는 행렬이므로 $\boldsymbol{x}$와 $\boldsymbol{x}$를 반시계 방향으로 90° 회전한 벡터 $Q\boldsymbol{x}$가 평행일 수 없다.

고유값을 구하기 위하여 특성방정식을 계산해 보면

$$\det(Q - \lambda I) = \begin{vmatrix} -\lambda & -1 \\ 1 & -\lambda \end{vmatrix} = \lambda^2 + 1 = 0$$

이다. 따라서 $\lambda_1 = i, \lambda_2 = -i$이다. 즉, 고유값이 복소수이고 하나가 다른 하나의 켤레복소수이다. 행렬의 성분이 실수이더라도 특성방정식의 해가 실수일 필요는 없다.

이 행렬 Q는 $Q^T = -Q$를 만족하는데 이런 행렬을 꼬임대칭행렬(skew-symmetric matrix)이라고 한다. 일반적으로 꼬임대칭행렬의 고유값은 순허수이다.

다음으로 조금 더 복잡한 예를 살펴보자.

보기 5.1.5. $A = \begin{bmatrix} 3 & 1 \\ 0 & 3 \end{bmatrix}$는 위삼각행렬이다. 위삼각행렬의 고유값은 대각선에 나타난다. 특성방정식을 구하면

$$\det(A - \lambda I) = \begin{vmatrix} 3-\lambda & 1 \\ 0 & 3-\lambda \end{vmatrix} = (3-\lambda)^2 = 0$$

이다. 따라서 $\lambda_1 = 3, \lambda_2 = 3$이 이 행렬의 고유값이다.

(1) $\lambda = 3 : A - 3I = \begin{bmatrix} 0 & 1 \\ 0 & 0 \end{bmatrix}$의 영공간의 기저는 $\boldsymbol{u} = \begin{bmatrix} 1 \\ 0 \end{bmatrix}$이다.

(2)$\lambda = 3$은 특성방정식의 중근(중복도가 2인 근)인데 $\lambda = 3$에 대응하는 고유벡터로 $\boldsymbol{u}$ 이외에 $\boldsymbol{u}$와 일차독립인 것은 없다. 이런 경우 $\lambda = 3$의 '대수적 중복도(algebraic multiplicity)는 2이지만 기하적 중복도(geometric multiplicity)는 1이다'라고 한다.

5.1.3 연습 문제

문제 5.1.1. 다음 행렬의 고유값과 고유벡터를 구하시오.

$$A = \begin{bmatrix} 0 & 1 & 0 \\ 0 & 0 & 1 \\ 4 & -17 & 8 \end{bmatrix}$$

문제 5.1.2. 다음 행렬의 고유값과 고유벡터를 구하시오.

$$A = \begin{bmatrix} 0 & 0 & -2 \\ 1 & 2 & 1 \\ 1 & 0 & 3 \end{bmatrix}$$

문제 5.1.3. 다음 행렬의 고유값과 고유벡터를 구하시오.

$$A = \begin{bmatrix} 0 & 1 & 0 \\ 0 & 0 & 1 \\ 4 & -17 & 8 \end{bmatrix}$$

문제 5.1.4. 행렬 $\begin{bmatrix} 16 & -11 \\ 22 & -17 \end{bmatrix}$의 고유값과 고유벡터를 구하시오.

문제 5.1.5. 행렬 $\begin{bmatrix} 2 & 0 & 0 \\ 5 & -3 & -1 \\ -1 & 1 & -5 \end{bmatrix}$의 고유값과 고유벡터를 구하시오.

문제 5.1.6. $n \times n$ 행렬에 대해서 다음 명제가 참인 거짓인지 밝히시오.

(1) 행렬 A가 가역행렬이 아닐 필요충분조건은 0이 행렬 A의 고유값인 것이다.

(2) 행렬식 $\det A$는 행렬 A의 열벡터로 이루어진 평행육면체의 부피와 같다.

(3) $\det A^T = (-1)^n \det A$

(4) $\det A^T = (-1) \det A$

(5) 행렬 A의 한 행의 상수배를 다른 행에 더하더라도 행렬식은 같다.

문제 5.1.7. 0이 행렬 $\begin{bmatrix} 3 & 8 \\ -3 & k \end{bmatrix}$의 고유값일 k를 구하하시오.

문제 5.1.8. 행렬 $\begin{bmatrix} 3 & k \\ 9 & 9 \end{bmatrix}$의 가 서로다른 두 개의 실수인 고유값을 가질 필요충분조건을 구하하시오.

문제 5.1.9. 행렬 $\begin{bmatrix} 5 & -10 \\ 6 & 10 \end{bmatrix}$의 특성다항식을 구하하시오.

문제 5.1.10. 행렬 $\begin{bmatrix} -6 & k \\ -5 & 4 \end{bmatrix}$이 중복도가 2인 단 하나의 고유값을 가질 k를 구하하시오.

문제 5.1.11. 고유값이 실수가 아닌 성분이 실수인 2×2 행렬을 구하시오.

5.2 행렬의 대각화와 거듭제곱

행렬 A의 고유벡터와 고유값을 구하기 위하여 $A-\lambda I$가 특성행렬이 되는 고유값 λ를 구하고 이 λ에 대해서 $(A-\lambda I)\boldsymbol{x}=\mathbf{0}$의 영이 아닌 해 $\boldsymbol{x}$를 구하면 이 $\boldsymbol{x}$가 고유값 λ에 대응하는 고유벡터이다.

이 절에서는 고유벡터들을 열벡터로 하는 행렬을 S라고 하면

$$S^{-1}AS=\Lambda$$

가 됨을 보인다. 여기서 Λ는 대각성분이 고유값인 대각행렬이다. 이때 행렬 S의 역행렬이 존재해야 하므로 $n\times n$ 행렬 A의 일차독립인 n개의 고유벡터가 필요하다.

5.2.1 행렬의 대각화

$n\times n$ 행렬 A의 고유값 $\lambda_1,\lambda_2,\cdots,\lambda_n$에 대응하는 n개의 일차독립인 고유벡터 $\boldsymbol{x}_1,\ \boldsymbol{x}_2,\ \cdots,\ \boldsymbol{x}_n$ 이 존재한다고 하자. 즉,

$$A\boldsymbol{x}_1=\lambda_1\boldsymbol{x}_1,\ A\boldsymbol{x}_2=\lambda_2\boldsymbol{x}_2,\ \cdots,\ A\boldsymbol{x}_n=\lambda_n\boldsymbol{x}_n$$

이라고 하자.

이 고유벡터들이 열인 행렬을

$$S=\begin{bmatrix} | & | & & | \\ \boldsymbol{x}_1 & \boldsymbol{x}_2 & \cdots & \boldsymbol{x}_n \\ | & | & & | \end{bmatrix}$$

라고 하면

$$
\begin{aligned}
AS = A \begin{bmatrix} | & | & & | \\ \boldsymbol{x}_1 & \boldsymbol{x}_2 & \cdots & \boldsymbol{x}_n \\ | & | & & | \end{bmatrix}
&= \begin{bmatrix} | & | & & | \\ A\boldsymbol{x}_1 & A\boldsymbol{x}_2 & \cdots & A\boldsymbol{x}_n \\ | & | & & | \end{bmatrix} \\
&= \begin{bmatrix} | & | & & | \\ \lambda_1\boldsymbol{x}_1 & \lambda_2\boldsymbol{x}_2 & \cdots & \lambda_n\boldsymbol{x}_n \\ | & | & & | \end{bmatrix} \\
&= \begin{bmatrix} | & | & & | \\ \boldsymbol{x}_1 & \boldsymbol{x}_2 & \cdots & \boldsymbol{x}_n \\ | & | & & | \end{bmatrix} \begin{bmatrix} \lambda_1 & & & \\ & \lambda_2 & & \\ & & \ddots & \\ & & & \lambda_n \end{bmatrix} = S\Lambda
\end{aligned}
$$

이다. 여기서 Λ는 대각성분이 행렬 A의 고유값들인 대각행렬이다. S가 가역인 경우 이 식을

$$S^{-1}AS = \Lambda \quad \text{또는} \quad A = S\Lambda S^{-1}$$

로 쓸 수 있다. 이 S를 행렬 A의 고유벡터행렬, Λ를 행렬 A의 고유값행렬이라고 한다. 이 과정을 행렬의 대각화(diagonalization)라고 한다.

5.2.2 행렬의 거듭제곱

이제 행렬의 거듭제곱에 대해서 알아보자. $A\boldsymbol{x} = \lambda\boldsymbol{x}$이면 $A^2\boldsymbol{x} = A(\lambda\boldsymbol{x}) = \lambda^2\boldsymbol{x}$이다. 따라서

> A와 A^2의 고유벡터는 같고 고유값은 제곱이 된다.

이 사실은 다음 식으로도 알 수 있다.

$A = S\Lambda S^{-1}$이면 $A^2 = (S\Lambda S^{-1})(S\Lambda S^{-1}) = S\Lambda(S^{-1}S)\Lambda S^{-1} = S\Lambda^2 S^{-1}$

이다. 이때

$$\Lambda = \begin{bmatrix} \lambda_1 & & & \\ & \lambda_2 & & \\ & & \ddots & \\ & & & \lambda_n \end{bmatrix} \text{이고} \quad \Lambda^2 = \begin{bmatrix} {\lambda_1}^2 & & & \\ & {\lambda_2}^2 & & \\ & & \ddots & \\ & & & {\lambda_n}^2 \end{bmatrix}$$

이다.

이 과정을 반복하면

$$A^k = S\Lambda^k S^{-1}$$

이다. 여기서

$$\Lambda^k = \begin{bmatrix} {\lambda_1}^k & & & \\ & {\lambda_2}^k & & \\ & & \ddots & \\ & & & {\lambda_n}^k \end{bmatrix}$$

이다.

이 분해가 $A = LU$ 분해보다 A^k을 계산하는데 더 유용하다. $A = LU$ 분해

를 반복하여 A^k을 계산하면

$$A^k = \underbrace{(LU)(LU)\dots(LU)}_{k}$$

가 되어 A의 거듭제곱 A^k를 계산하는데 아무 도움이 되지 않는다.

이제 A의 거듭제곱이 영행렬 $\boldsymbol{O}$로 수렴하는 경우를 살펴보자.

정리 5.2.1. $n \times n$ 행렬 A의 n개의 고유벡터가 일차독립이고 고유값 λ_i가 $|\lambda_i| < 1$이면 $k \to \infty$일 때 $A^k \to \boldsymbol{O}$이다.

증명 $|\lambda_i| < 1$이면 $\lambda_i^k \to 0$이고 $A^k = S\Lambda^k S^{-1}$이므로 $A^k \to \boldsymbol{O}$이다. □

그러면 언제 A가 일차독립인 n개의 고유벡터를 갖게 될까?

(1) 특성다항식이 n개의 서로 다른 해를 가지면 이 서로 다른 n개의 고유값에 대응하는 n개의 고유벡터들은 일차독립이다.

(2) 특성다항식이 중복되는 해를 가질 경우 n개의 일차독립인 고유벡터가 존재할 수도 있고 아닐 수도 있다.

보기 5.2.1. 10×10 단위행렬 I는 $\lambda = 1$만이 고유값이지만 $\lambda = 1$에 대응하는 10개의 일차독립인 고유벡터가 존재한다. 행렬 A가 원래 대각행렬이면 대각성분들이 고유값이고 $S = I, \Lambda = A$이다.

다음의 예는 n개의 일차독립인 고유벡터가 존재하지 않는 경우이다.

보기 5.2.2. $A = \begin{bmatrix} 2 & 1 \\ 0 & 2 \end{bmatrix}$는 위삼각행렬로 대각성분이 고유값이다. 특성방정식을 계산해 보면

$$\det(A - \lambda I) = \begin{vmatrix} 2-\lambda & 1 \\ 0 & 2-\lambda \end{vmatrix} = (2-\lambda)^2 = 0$$

이므로 $\lambda = 2$가 대수적 중복도가 2인 고유값이다. $\lambda = 2$일 때 $A - 2I = \begin{bmatrix} 0 & 1 \\ 0 & 0 \end{bmatrix}$의 영공간의 차원은 1이고 $\begin{bmatrix} 1 \\ 0 \end{bmatrix}$는 $\lambda = 2$에 대응하는 고유벡터이고 이것과 일차독립인 고유벡터는 없다. 따라서 기하적 중복도는 1이다.

5.2.3 행렬의 대각화의 응용

이제 방정식 $\boldsymbol{u}_{k+1} = A\boldsymbol{u}_k$를 생각하자. 초기조건 $\boldsymbol{u}_0$에서 시작하여 귀납적으로

$$\boldsymbol{u}_1 = A\boldsymbol{u}_0,\ \boldsymbol{u}_2 = A\boldsymbol{u}_1 = A^2\boldsymbol{u}_0, \cdots,\ \boldsymbol{u}_k = A\boldsymbol{u}_{k-1} = A^k\boldsymbol{u}_0$$

라고 정의하자.

이 과정을 반복하여 $\boldsymbol{u}_{100}$을 계산해 보자.

$$A\boldsymbol{x}_i = \lambda_i \boldsymbol{x}_i, \quad i = 1, 2, \cdots, n$$

이고 $\boldsymbol{x}_1$, $\boldsymbol{x}_2$, $\cdots$, $\boldsymbol{x}_n$이 일차독립이라고 하자. 그러면

$$\boldsymbol{u}_0 = c_1\boldsymbol{x}_1 + c_2\boldsymbol{x}_2 + \cdots + c_n\boldsymbol{x}_n = S\boldsymbol{c}$$

라고 쓸 수 있다. 여기서

$$S = \begin{bmatrix} | & & | \\ \boldsymbol{x}_1 & \cdots & \boldsymbol{x}_n \\ | & & | \end{bmatrix}, \quad \boldsymbol{c} = \begin{bmatrix} c_1 \\ \vdots \\ c_n \end{bmatrix}$$

이다.

$$\boldsymbol{u}_1 = A\boldsymbol{u}_0 = A(c_1\boldsymbol{x}_1 + \cdots + c_n\boldsymbol{x}_n) = c_1\lambda_1\boldsymbol{x}_1 + \cdots + c_n\lambda_n\boldsymbol{x}_n$$

이고 같은 과정을 반복하면

$$\boldsymbol{u}_{100} = A^{100}\boldsymbol{u}_0 = c_1\lambda_1^{100}\boldsymbol{x}_1 + \cdots + c_n\lambda_n^{100}\boldsymbol{x}_n = S\Lambda^{100}\boldsymbol{c}$$

이다.

보기 5.2.3 (피보나치 수). 피보나치 수(Fibonacci number)는 0, 1에서 시작하여 다음의 수는 앞의 두 수의 합인 수열이다. 처음 몇 개의 항은

$$0,\ 1,\ 1,\ 2,\ 3,\ 5,\ 8,\ 13,\ 21,\ 34,\ 55,\ 89,\ 144,\ 233,\ \ldots$$

이다. 이때 100번째 피보나치 수는 무엇인가? 피보나치 수의 일반항에 대한 공식이 없으면 이 수를 구하는 것이 불가능한 것은 아니지만 시간이 꽤 걸린다.

n번째 피보나치 수를 F_n으로 나타내면 F_n의 초기조건은

$$F_0 = 0,\ F_1 = 1 \tag{5.4}$$

이고 F_n이 만족해야하는 점화식은

$$F_{k+2} = F_{k+1} + F_k, \quad k = 0,\ 1,\ 2,\ \ldots \tag{5.5}$$

이다.

우선 F_{100}을 구해보고 일반적으로 F_n이 얼마나 빨리 증가하는지 알아보자.

피보나치 수의 일반항 F_n을 구하기 위하여

$$F_{k+1} = F_{k+1}$$

라는 당연한 식을 하나 더 고려하여

$$\boldsymbol{u}_k = \begin{bmatrix} F_{k+1} \\ F_k \end{bmatrix}$$

로 놓으면 (5.5)는

$$\boldsymbol{u}_{k+1} = \begin{bmatrix} 1 & 1 \\ 1 & 0 \end{bmatrix} \boldsymbol{u}_k$$

로 바꿔 쓸 수 있다.

이제 $A = \begin{bmatrix} 1 & 1 \\ 1 & 0 \end{bmatrix}$의 고유값과 고유벡터를 구하자. A는 대칭행렬이므로 고유값은 실수이어야 한다. 특성방정식은

$$\det(A - \lambda I) = \begin{vmatrix} 1-\lambda & 1 \\ 1 & -\lambda \end{vmatrix} = \lambda^2 - \lambda - 1 = 0$$

이므로 두 개의 고유값의 합이 1이고 곱이 -1임을 알 수 있다. 피보나치 수가 만족하는 점화식이 갖고 있는 정보를 이 특성방정식이 갖게 된다. 고유값은

$$\lambda_1 = \frac{1+\sqrt{5}}{2} \sim 1.618, \quad \lambda_2 = \frac{1-\sqrt{5}}{2} \sim -0.618$$

이다. A의 특성방정식이 서로 다른 두 개의 근을 가지므로 A는 대각화가 가능하다.

고유벡터를 구하기 위하여 $A - \lambda I = \begin{bmatrix} 1-\lambda & 1 \\ 1 & -\lambda \end{bmatrix}$의 영공간을 구해보자.

여기서 $\lambda^2 - \lambda - 1 = 0$인 사실에 착안하면

$$\begin{bmatrix} 1-\lambda & 1 \\ 1 & -\lambda \end{bmatrix} \begin{bmatrix} \lambda \\ 1 \end{bmatrix} = \begin{bmatrix} 0 \\ 0 \end{bmatrix}$$

이다. 따라서 $\boldsymbol{x}_1 = \begin{bmatrix} \lambda_1 \\ 1 \end{bmatrix}$와 $\boldsymbol{x}_2 = \begin{bmatrix} \lambda_2 \\ 1 \end{bmatrix}$이 각각 λ_1과 λ_2에 대응하는 A의 고유벡터이다.

$$\boldsymbol{u}_0 = c_1\boldsymbol{x}_1 + c_2\boldsymbol{x}_2$$

인데

$$\boldsymbol{u}_0 = \begin{bmatrix} F_1 \\ F_0 \end{bmatrix} = \begin{bmatrix} 1 \\ 0 \end{bmatrix}$$

이므로

$$c_1 \begin{bmatrix} \lambda_1 \\ 1 \end{bmatrix} + c_2 \begin{bmatrix} \lambda_2 \\ 1 \end{bmatrix} = \begin{bmatrix} 1 \\ 0 \end{bmatrix}$$

을 만족하는 c_1, c_2를 결정하면

$$c_1 = 1/\sqrt{5},\ c_2 = -1/\sqrt{5}$$

이다.

$$\boldsymbol{u}_{100} = c_1{\lambda_1}^{100}\boldsymbol{x}_1 + c_2{\lambda_2}^{100}\boldsymbol{x}_2$$

이다. 여기서 $|\lambda_2| < 1$이므로 $n \to \infty$일 때 ${\lambda_2}^n \to 0$이다. 따라서

$$\boldsymbol{u}_n \sim c_1{\lambda_1}^n\boldsymbol{x}_1$$

이다. 즉,

$$F_n \sim \frac{1}{\sqrt{5}}\left(\frac{1+\sqrt{5}}{2}\right)^n$$

5.2.4 연습 문제

문제 5.2.1. 보기 5.2.3의 초기조건 (5.4)와 점화식 (5.5)을 만족하는 피보나치 수의 일반항을 구하시오.

문제 5.2.2. 다음 행렬을 대각화하시오.

$$A = \begin{bmatrix} 0 & 0 & -2 \\ 1 & 2 & 1 \\ 1 & 0 & 3 \end{bmatrix}$$

문제 5.2.3. 다음 행렬이 대각화가 가능하지 않음을 보이시오.

$$A = \begin{bmatrix} 1 & 0 & 0 \\ 1 & 2 & 0 \\ -3 & 5 & 2 \end{bmatrix}$$

문제 5.2.4. 다음 행렬의 A^{13} 을 구하시오.

$$A = \begin{bmatrix} 0 & 0 & -2 \\ 1 & 2 & 1 \\ 1 & 0 & 3 \end{bmatrix}$$

문제 5.2.5. 다음 행렬의 $A^{1000}, A^{-1000}, A^{2301}, A^{-2301}$ 을 구하시오.

$$A = \begin{bmatrix} 1 & -2 & 8 \\ 0 & -1 & 0 \\ 0 & 0 & -1 \end{bmatrix}$$

문제 5.2.6. $A = \begin{bmatrix} 3 & 6 \\ 1 & 2 \end{bmatrix}$일 때 A^2, A^3, A^4, A^5 을 구하시오.

문제 5.2.7. $A = \begin{bmatrix} 0 & 1 & 0 \\ 0 & 0 & 1 \\ 1 & -3 & 3 \end{bmatrix}$일 때 A^3, A^4 을 구하시오.

문제 5.2.8. 행렬 $A = \begin{bmatrix} 12 & 4 \\ -8 & 0 \end{bmatrix}$을 대각화하는 두가지 표현 $S^{-1}AS = D$를 구하시오.

문제 5.2.9. 행렬 $A = \begin{bmatrix} 4 & 0 & 0 \\ 17 & 1 & 4 \\ -12 & -2 & -5 \end{bmatrix}$을 대각화하여 $S^{-1}AS = D$로 표현하시오.

문제 5.2.10. 행렬 $A = \begin{bmatrix} 7 & -7 & -26 \\ 7 & 7 & -2 \\ 0 & 0 & 1 \end{bmatrix}$이고 n이 양의 정수일 때 A^n를 구하시오.

문제 5.2.11. 행렬 $A = \begin{bmatrix} -7 & 1 \\ -1 & -7 \end{bmatrix}$이고 n이 양의 정수일 때 A^n를 구하시오.

문제 5.2.12. $n \times n$ 행렬에 대해서 다음 명제가 참인 거짓인지 밝히시오.

(1) 가역행렬은 대각화가 가능하다.

(2) 행렬 A를 $AS = SA$로 대각화가 가능할 때 행렬 S의 영이 아닌 벡터는 행렬 A의 고유벡터이다.

(3) 행렬 A가 n개의 서로 다른 고유벡터를 갖는다면 행렬 A는 대각화가 가능하다.

(4) 행렬 A가 대각화가 가능하면 모두 다른 n개의 고유값이 존재한다.

(5) 행렬 A의 고유벡터로 이루어진 $\mathbb{R}^n$의 기저가 존재한다면 행렬 A는 대각화가 가능하다.

(6) 대각화가 가능한 행렬은 가역행렬이다.

문제 5.2.13. 행렬 $\begin{bmatrix} 0 & 1 & 0 \\ 0 & 0 & 1 \\ 0 & k-6 & -k+7 \end{bmatrix}$이 대각화가 가능하지 않을 k를 구하하시오.

문제 5.2.14. 행렬 $A = \begin{bmatrix} -1 & -9 & 4 \\ 10 & -3 & 7 \\ 3 & 5 & 5 \end{bmatrix}$의 대각합 trA를 구하시오.

5.3 대칭행렬

이 절은 대칭행렬에 관한 절이다. 행렬이 특별하면 고유값과 고유벡터도 특별한데 여기서는 대칭행렬의 고유값들이 실수이고 고유벡터들이 서로 수직임(수직이 되도록 할 수 있음)을 보인다. 따라서 대칭행렬은 대각화가 가능하다.

§5.2의 행렬의 대각화를 일반화하여 두 행렬의 닮음을 정의하고 일반적으로 행렬의 대각화보다 복잡한 형태인 조던 형태에 대해서 알아본다.

5.3.1 대칭행렬

행렬의 성분이 실수이더라도 특성방정식의 해인 행렬의 고유값이 실수라는 보장은 없다. 특별히 대칭행렬의 고유값은 실수이다. 회전행렬은 고유값이 복소수였는데 이런 일이 대칭행렬에서는 일어나지 않는다. 대칭행렬은 고유값 뿐만 아니라 고유벡터도 매우 특별한데 고유벡터는 서로 수직이다.

우선 간단한 예를 들어보자. 단위행렬은 대칭행렬이고 고유값은 1이다. 또 영이 아닌 모든 벡터가 고유벡터이다.

그렇다면 고유벡터가 서로 수직이라는 것은 어떤 의미인가?

고유값이 중복되고(대수적 중복도 ≥ 2) 기하적 중복도도 2 이상인 경우 이 고유값에 대응하는 고유공간(eigenspace)

$$E_\lambda = \{\boldsymbol{x} \in \mathbb{R}^n \ \mid \ A\boldsymbol{x} = \lambda \boldsymbol{x}\}$$

에서 서로 수직이 되도록 고유벡터를 잡을 수 있다는 의미이다. 이 고유공간 E_λ 는 $\mathbb{R}^n$의 부분공간이다.

고유값이 서로 다른 경우 고유공간은 고유벡터를 포함하는 직선(1차원 부분공간)이므로 고유벡터들이 서로 수직이다. 다음으로 고유벡터의 길이가 1이 되도록 할 수 있다. 이렇게 되면 고유벡터들이 정규직교가 되고 고유벡터가 열인

고유벡터행렬 Q는 직교행렬이 된다. 따라서 대각성분이 고유값인 대각행렬을

$$\Lambda = \begin{bmatrix} \lambda_1 & & \\ & \ddots & \\ & & \lambda_n \end{bmatrix}$$

라고 하면 대칭행렬 A를

$$A = Q\Lambda Q^{-1} \tag{5.6}$$

로 분해할 수 있다. 더 나아가 고유벡터행렬 Q는 직교행렬이므로

$$Q^T Q = I$$

이다. 따라서 $Q^{-1} = Q^T$이고 (5.6)이

$$A = Q\Lambda Q^T \tag{5.7}$$

가 된다.

역으로 행렬 $A = Q\Lambda Q^T$로 분해가 되면 A는 대칭행렬이다. 이상을 요약하면

정리 5.3.1. 정사각행렬 A를 $A = Q\Lambda Q^T$로 분해할 수 있을 필요충분조건은 A가 대칭행렬인 것이다.

이 정리를 스펙트럼 정리(spectral theorem)이라고 한다. 광학에서 스펙트럼은 순수한 광원의 결합을 의미하는데 여기에서는 행렬이 순수한 고유값과 고유벡터에 의해 표현되는 것과 관련이 있다고 할 수 있다. 기하학이나 물리학에서는 이 정리를 주축 정리(principal axis theorem)라고도 하는데 어떤 이차곡선라도 좌표축을 잘 잡으면 표준형으로 표시할 수 있음을 의미한다.

이제 다시 대칭행렬로 돌아가 다음 사실을 증명해 보자.

정리 5.3.2. 성분이 실수인 대칭행렬 A의 고유값은 실수이고 서로 다른 고유값에 대응하는 고유벡터는 서로 수직이다.

증명 이 사실을 보이기 위해서 약간의 조작(trick)이 필요하다.

$$A\boldsymbol{x} = \lambda\boldsymbol{x}, \quad \boldsymbol{x} \neq \mathbf{0} \tag{5.8}$$

에서 시작하자. A의 성분들은 모두 실수이지만 고유값이나 고유벡터의 성분들은 꼭 실수일 필요는 없다.

(5.8)의 켤레를 취하면

$$\bar{A}\bar{\boldsymbol{x}} = \bar{\lambda}\bar{\boldsymbol{x}} \tag{5.9}$$

인데 A의 성분들은 실수이므로 $\bar{A} = A$이다. 따라서

$$A\bar{\boldsymbol{x}} = \bar{\lambda}\bar{\boldsymbol{x}} \tag{5.10}$$

이다.

한편 (5.10)의 전치를 생각하면

$$\bar{\boldsymbol{x}}^T A^T = \bar{\boldsymbol{x}}^T \bar{\lambda} \tag{5.11}$$

인데 A가 대칭행렬이므로 $A^T = A$이고 $\bar{\lambda}$는 복소수이므로

$$\bar{\boldsymbol{x}}^T \bar{\lambda} = \bar{\lambda} \bar{\boldsymbol{x}}^T$$

이다. 따라서

$$\bar{\boldsymbol{x}}^T A = \bar{\lambda} \bar{\boldsymbol{x}}^T \tag{5.12}$$

이다. (5.12)의 양변에 $\boldsymbol{x}$를 오른쪽에서 곱하면

$$\bar{\boldsymbol{x}}^T A \boldsymbol{x} = \bar{\lambda} \bar{\boldsymbol{x}}^T \boldsymbol{x} \tag{5.13}$$

이다.

다른 한 편 (5.8)의 양변에 $\bar{\boldsymbol{x}}^T$를 왼쪽에서 곱하면

$$\bar{\boldsymbol{x}}^T A \boldsymbol{x} = \lambda \bar{\boldsymbol{x}}^T \boldsymbol{x} \tag{5.14}$$

이다. 따라서 (5.13)과 (5.14)에 의해

$$(\lambda - \bar{\lambda}) \bar{\boldsymbol{x}}^T \boldsymbol{x} = 0 \tag{5.15}$$

이다. 여기서 벡터 $\boldsymbol{x}$의 성분은 복소수일 수도 있다.

$$\boldsymbol{x} = \begin{bmatrix} a_1 + ib_1 \\ \vdots \\ a_n + ib_n \end{bmatrix} \neq \begin{bmatrix} 0 \\ \vdots \\ 0 \end{bmatrix}$$

이라고 하면

$$\bar{\boldsymbol{x}}^T \boldsymbol{x} = (a_1{}^2 + b_1{}^2) + \cdots + (a_n{}^2 + b_n{}^2) > 0$$

이므로 $\lambda - \bar{\lambda} = 0$이다. 따라서

$$\lambda = \bar{\lambda}$$

이다. 즉, λ는 실수이다.

이제 서로 다른 고유값에 대응하는 고유벡터는 서로 수직임을 보이기 위해서

$$A\boldsymbol{x}_1 = \lambda_1 \boldsymbol{x}_1, \;\; A\boldsymbol{x}_2 = \lambda_2 \boldsymbol{x}_2, \;\; \lambda_1 \neq \lambda_2$$

이라고 하자.

$$(A\boldsymbol{x}_1)^T \boldsymbol{x}_2 = \boldsymbol{x}_1^T A^T \boldsymbol{x}_2 = \boldsymbol{x}_1^T A \boldsymbol{x}_2 = \lambda_2 \boldsymbol{x}_1^T \boldsymbol{x}_2$$

이다. 한편

$$(A\boldsymbol{x}_1)^T \boldsymbol{x}_2 = (\lambda_1 \boldsymbol{x}_1)^T \boldsymbol{x}_2 = \lambda_1 \boldsymbol{x}_1^T \boldsymbol{x}_2$$

이다. 따라서

$$\lambda_2 \boldsymbol{x}_1^T \boldsymbol{x}_2 = \lambda_1 \boldsymbol{x}_1^T \boldsymbol{x}_2$$

이다. 여기서 $\lambda_1 \neq \lambda_2$이므로

$$\boldsymbol{x}_1^T \boldsymbol{x}_2 = 0$$

이다. 즉, $\boldsymbol{x}_1$과 $\boldsymbol{x}_2$가 수직이다. □

좀 더 일반적으로 성분이 복소수인 행렬 A에 대해서도 이 증명 과정이 성립하도록 하려면 행렬 A가 $\bar{A}^T = A$를 만족하는 것을 가정하면 된다. $\bar{A}^T = A$를 만족하는 행렬을 허미션 행렬(Hermitian matrix)이라고 한다. 허미션 행렬의 성분은 복소수이지만 고유값은 실수이다.

> 대칭행렬을 대각화하는 과정에서 $A = Q\Lambda Q^T$ 분해를 얻었는데 이 분해가 의미하는 바가 무엇인지 살펴보자.

$$
\begin{aligned}
A &= \underbrace{\begin{bmatrix} | & & | \\ \boldsymbol{q}_1 & \cdots & \boldsymbol{q}_n \\ | & & | \end{bmatrix}}_{Q} \underbrace{\begin{bmatrix} \lambda_1 & & \\ & \ddots & \\ & & \lambda_n \end{bmatrix}}_{\Lambda} \underbrace{\begin{bmatrix} - & \boldsymbol{q}_1^T & - \\ & \vdots & \\ - & \boldsymbol{q}_n^T & - \end{bmatrix}}_{Q^T} \\
&= \lambda_1 \boldsymbol{q}_1 \boldsymbol{q}_1^T + \lambda_2 \boldsymbol{q}_2 \boldsymbol{q}_2^T + \cdots + \lambda_n \boldsymbol{q}_n \boldsymbol{q}_n^T
\end{aligned}
$$

이다. 여기서 $\boldsymbol{q}_i \boldsymbol{q}_i^T$는 사영행렬이므로 다음과 같은 정리를 얻는다.

정리 5.3.3. 대칭행렬은 서로 수직인 직선으로의 사영행렬의 일차결합으로 표현된다.

이 정리는 스펙트럼 정리의 다른 표현이다.

5.3.2 닮음행렬

$B = M^{-1}AM$을 만족하는 행렬 M이 존재할 때 두 행렬 A와 B를 닮음행렬(similar matrix)이라고 한다.

보기 5.3.1. 행렬이 대각화가 가능하여

$$S^{-1}AS = \Lambda$$

로 표현되면 A와 Λ는 닮음행렬이다. 여기서 Λ는 대각행렬로 대각성분이 A의 고유값들이고 S는 고유벡터로 이루어진 행렬이다.

보기 5.3.2. $A = \begin{bmatrix} 2 & 1 \\ 1 & 2 \end{bmatrix}$일 때 고유값은 $3, 1$이다. 이 고유값에 대응하는 A의 고유벡터는 $\begin{bmatrix} 1 \\ 1 \end{bmatrix}, \begin{bmatrix} 1 \\ -1 \end{bmatrix}$이다. 따라서

$$\Lambda = \begin{bmatrix} 3 & 0 \\ 0 & 1 \end{bmatrix}, \quad S = \begin{bmatrix} 1 & 1 \\ 1 & -1 \end{bmatrix}$$

라고 하면

$$S^{-1}AS = \Lambda$$

이다.

$M = \begin{bmatrix} 1 & 4 \\ 0 & 1 \end{bmatrix}$이라고 하면

$$B = M^{-1}AM = \begin{bmatrix} 1 & -4 \\ 0 & 1 \end{bmatrix} \begin{bmatrix} 2 & 1 \\ 1 & 2 \end{bmatrix} \begin{bmatrix} 1 & 4 \\ 0 & 1 \end{bmatrix} = \begin{bmatrix} -2 & -15 \\ 1 & 6 \end{bmatrix}$$

이다. 행렬 B의 고유값도 3과 1이다.

고유값이 3과 1인 행렬을 더 나열하면

$$\begin{bmatrix} 2 & 1 \\ 1 & 2 \end{bmatrix}, \begin{bmatrix} 3 & 7 \\ 0 & 1 \end{bmatrix}, \begin{bmatrix} 1 & 7 \\ 0 & 3 \end{bmatrix}$$

등 이다.

정리 5.3.4. 닮음행렬의 고유값은 같다.

증명 행렬 A와 B가 닮음행렬이라고 하자. 즉, $B = M^{-1}AM$인 행렬 M이 존재한다고 하자.

λ가 A의 고유값이면

$$A\boldsymbol{x} = \lambda\boldsymbol{x}$$

인 $\boldsymbol{x} \neq \mathbf{0}$가 존재한다. 이 식을 조작하면

$$AMM^{-1}\boldsymbol{x} = \lambda\boldsymbol{x}$$
$$(M^{-1}AM)(M^{-1}\boldsymbol{x}) = \lambda(M^{-1}\boldsymbol{x})$$

이다.

M이 가역행렬이므로 $\boldsymbol{x} \neq \mathbf{0}$이면 $M^{-1}\boldsymbol{x} \neq \mathbf{0}$이다. 따라서 λ가 $M^{-1}AM$의 고유값이고 이 고유값에 대응하는 고유벡터는 $M^{-1}\boldsymbol{x}$이다. □

보기 5.3.3. 보기 5.3.1로 돌아가면 $S^{-1} = -(1/2)\begin{bmatrix} -1 & -1 \\ -1 & 1 \end{bmatrix}$이다.

$S^{-1}\begin{bmatrix} 1 \\ 1 \end{bmatrix} = \begin{bmatrix} 1 \\ 0 \end{bmatrix}$이 $\lambda_1 = 3$에 대응하는 Λ의 고유벡터이다.

$S^{-1}\begin{bmatrix} 1 \\ -1 \end{bmatrix} = \begin{bmatrix} 0 \\ 1 \end{bmatrix}$이 $\lambda_2 = 1$에 대응하는 Λ의 고유벡터이다.

5.3.3 조던 형태

이제 좀 더 까다로운 예를 살펴보자.

보기 5.3.4 (중복된 고유값을 갖는 경우). $\lambda_1 = \lambda_2 = 4$인 경우일 때 일차독립인 고유벡터의 갯수에 따라 대각화가 가능할 수도 있고 그렇지 않을 수도 있다.

(1) $\begin{bmatrix} 4 & 0 \\ 0 & 4 \end{bmatrix}$은 대각화가 가능한 경우로 이 것의 닮음행렬은 자신 뿐이다.

(2) $\begin{bmatrix} 4 & 1 \\ 0 & 4 \end{bmatrix}$은 대각화가 가능하지 않은 행렬이다. 만약 대각화가 가능하다면 $\begin{bmatrix} 4 & 1 \\ 0 & 4 \end{bmatrix}$와 $\begin{bmatrix} 4 & 0 \\ 0 & 4 \end{bmatrix}$는 닮음행렬이어야 한다. $\lambda_1 = \lambda_2 = 4$인 행렬은 $\begin{bmatrix} 4 & 0 \\ 0 & 4 \end{bmatrix}$를 제외하고는 $\begin{bmatrix} 4 & 1 \\ 0 & 4 \end{bmatrix}$의 닮음행렬이다. $\begin{bmatrix} 4 & 1 \\ 0 & 4 \end{bmatrix}$의 $\lambda_1 = 4$에 대응하는 고유벡터는 $\begin{bmatrix} 1 \\ 0 \end{bmatrix}$ 하나 뿐이므로 $\begin{bmatrix} 4 & 1 \\ 0 & 4 \end{bmatrix}$는 대각화가 가능하지 않다. $\begin{bmatrix} 4 & 1 \\ 0 & 4 \end{bmatrix}$의 닮음행렬 중에는 이 행렬이 가장 간단하다.

대각성분 위쪽의 성분이 1인 행렬을 조던 행렬(Jordan matrix)이라고 한다. 조던은 각 닮음행렬의 모임 중에 가장 보기 좋은 행렬을 찾았다. 이 행렬이 대각화에 가장 가까운 행렬이다. 과거에는 조던 형태(Jordan form)가 선형대수의 절정이었다. 임의의 행렬의 조던 형태를 찾는 것이 쉬운 일이 아니기 때문에 더 이상 이 주제가 선형대수의 절정이 아니다. 행렬의 성분이 조금만 변해도 고유값과 계수는 많이 변할 수 있기 때문에 조던 형태가 수치 계산에 좋은 것이 아니다. 그러나 각 닮음행렬의 모임을 이해하기 위해서는 필수적이다.

$$\begin{bmatrix} 4 & 1 \\ 0 & 4 \end{bmatrix}, \begin{bmatrix} 5 & 1 \\ -1 & 3 \end{bmatrix}, \begin{bmatrix} 4 & 0 \\ 17 & 4 \end{bmatrix}$$

은 닮음행렬이다. 행렬 $\begin{bmatrix} a & * \\ ** & 8-a \end{bmatrix}$의 대각합은 8이므로 b, c 값을 적당히 조절하여 행렬식이 16이 되면 $\begin{bmatrix} 4 & 1 \\ 0 & 4 \end{bmatrix}$와 닮음행렬이다.

A와 B가 닮음행렬이면 A와 B의 고유벡터의 개수는 같지만 고유벡터의 개수가 같다고 닮음행렬인 것은 아니다.

보기 5.3.5. (1) $\left[\begin{array}{ccc|c} 0 & 1 & 0 & 0 \\ 0 & 0 & 1 & 0 \\ 0 & 0 & 0 & 0 \\ \hline 0 & 0 & 0 & 0 \end{array}\right]$의 고유값은 $\lambda = 0, 0, 0, 0$이다. 이 행렬의 계수가 2이므로 영공간의 차원은 $4 - 2 = 2$이다. 따라서 2개의 일차독립인 고유벡터가 존재한다. 대각화를 위해서는 2개의 고유벡터가 더 필요한데 더 필요한 고유벡터의 개수만큼 대각성분 위에 1이 나타난다.

(2) $\left[\begin{array}{ccc|c} 0 & 1 & 7 & 0 \\ 0 & 0 & 1 & 0 \\ 0 & 0 & 0 & 0 \\ \hline 0 & 0 & 0 & 0 \end{array}\right]$도 고유값은 $\lambda = 0, 0, 0, 0$이고 계수가 2인 행렬로 위 행렬과 닮음행렬이다.

(3) $\left[\begin{array}{cc|cc} 0 & 1 & 0 & 0 \\ 0 & 0 & 0 & 0 \\ \hline 0 & 0 & 0 & 1 \\ 0 & 0 & 0 & 0 \end{array}\right]$은 위 행렬들과 닮음행렬이 아니다.

$$J_i = \begin{bmatrix} \lambda_i & 1 & & \\ & \lambda_i & 1 & \\ & & \ddots & 1 \\ & & & \lambda_i \end{bmatrix}$$

을 조던 블록(Jordan block)이라고 한다. 이 블록이 고유값 λ_i에 대응하는 1개의 고유벡터를 만들어 낸다.

이유 $J_i x = \lambda_i x$의 해를 구하려면 $(J_i - \lambda_i I)x = 0$의 해를 구하면 된다. 행렬

$$J_i - \lambda_i I = \begin{bmatrix} 0 & 1 & & \\ & 0 & 1 & \\ & & \ddots & 1 \\ & & & 0 \end{bmatrix}$$

의 계수가 $(n-1)$이므로 이 행렬의 영공간의 차원은 선형대수의 기본정리에 의해 $n-(n-1)=1$이다. □

다음과 같이 조던 블록으로 이루어진 행렬을 조던 행렬이라고 한다.

$$J = \begin{bmatrix} \boxed{J_1} & & & \\ & \boxed{J_2} & & \\ & & \ddots & \\ & & & \boxed{J_d} \end{bmatrix}$$

여기서 조던 블록의 갯수 d는 A의 일차독립인 고유벡터의 개수이다.

정리 5.3.5. 정사각행렬 A는 조던 행렬 J와 닮음행렬이다.

증명 이 정리의 증명은 우리의 수준을 뛰어 넘으므로 생략한다. □

이 정리의 가장 이상적인 경우는 행렬이

$$J = \Lambda$$

로 대각행렬인 경우로 n개의 일차독립인 고유벡터가 존재하는 경우이다.

5.3.4 연습 문제

문제 5.3.1. 다음 행렬을 직교행렬을 이용하여 대각화하시오.

$$A = \begin{bmatrix} 4 & 2 & 2 \\ 2 & 4 & 2 \\ 2 & 2 & 4 \end{bmatrix}$$

문제 5.3.2. 고유값이 0과 1인 2×2 행렬은 $\begin{bmatrix} 1 & 0 \\ 0 & 0 \end{bmatrix}$와 닮음행렬임을 보이시오.

문제 5.3.3. 행렬 $\begin{bmatrix} 0 & 1 & 0 & 0 \\ 0 & 0 & 0 & 0 \\ 0 & 0 & 0 & 1 \\ 0 & 0 & 0 & 0 \end{bmatrix}$와 $\begin{bmatrix} 0 & 1 & 0 & 0 \\ 0 & 0 & 1 & 0 \\ 0 & 0 & 0 & 0 \\ 0 & 0 & 0 & 0 \end{bmatrix}$는 닮음행렬 아님을 보이시오.

문제 5.3.4. 5×5 행렬 A가 $\lambda = 0$인 조던 행렬일 때 A^2를 모두 구하시오.

문제 5.3.5. 고유값이 0과 1인 2×2 행렬은 $\begin{bmatrix} 1 & 0 \\ 0 & 0 \end{bmatrix}$와 닮음행렬임을 보이시오.

5.4 복소행렬, 고속 푸리에 변환

이 절에서는 성분이 복소수인 벡터와 행렬에 대해서 알아본다. 이미 행렬의 성분이 실수이더라고 이 행렬의 고유값이나 고유벡터의 성분은 복소수가 될 수 있음을 알았다. 여기에서는 성분이 복소수인 벡터의 내적을 정의하고 성분이 복소수인 행렬 중 가장 중요한 예인 푸리에 행렬을 정의한다. 푸리에 행렬은 푸리에 변환에 필요한 행렬이다. 실제로는 모든 사람들이 FFT라고 하는 고속 푸리에 변환(Fast Fourier Transformation)을 소개한다. FFT는 $n \times n$ 행렬을 곱하는 푸리에 변환을 빨리 할 수 있도록 해 전 산업계를 바꾸어 놓았다. $n \times n$ 행렬을 곱하기 위해서는 n^2번의 곱셈이 필요한데 열벡터가 수직인 푸리에 행렬의 곱은 $n \log_2 n$번 정도 만의 곱셈이 필요하다. 이 FFT의 간단한 아이디어가 행렬의 분해로 표현되고 세상을 바꾸어 놓았다.

5.4.1 복소행렬

성분이 복소수인 벡터

$$\boldsymbol{z} = \begin{bmatrix} z_1 \\ z_2 \\ \vdots \\ z_n \end{bmatrix} \in \mathbb{C}^n$$

의 길이의 제곱을 성분이 실수인 경우처럼 $\boldsymbol{z}^T\boldsymbol{z}$를 이용해서 정의한다면 $\boldsymbol{z}^T\boldsymbol{z}$가 꼭 양의 값인 것은 아니다. 예를 들어 $\boldsymbol{z} = \begin{bmatrix} 1 \\ i \end{bmatrix}$ 이면

$$\boldsymbol{z}^T\boldsymbol{z} = \begin{bmatrix} 1 & i \end{bmatrix} \begin{bmatrix} 1 \\ i \end{bmatrix} = 1 + i^2 = 0$$

이다. 따라서 $\boldsymbol{z}$의 길이의 제곱을 $\boldsymbol{z}^T\boldsymbol{z}$로 정의 할 수 없고 대신 $\bar{\boldsymbol{z}}^T\boldsymbol{z}$을 이용한다면

$$\bar{\boldsymbol{z}}^T\boldsymbol{z} = \begin{bmatrix} 1 & -i \end{bmatrix} \begin{bmatrix} 1 \\ i \end{bmatrix} = 1 - i^2 = 2$$

이다. $\boldsymbol{z}^H = \bar{\boldsymbol{z}}^T$($\boldsymbol{z}$의 허미션(Hermitian))로 표기하면

$$|\boldsymbol{z}|^2 = \boldsymbol{z}^H\boldsymbol{z}$$

이다.

성분이 복소수인 두 벡터 $\boldsymbol{x}$와 $\boldsymbol{y}$의 내적도 $\boldsymbol{y}^T\boldsymbol{x}$ 대신 $\boldsymbol{y}^H\boldsymbol{x}$로 정의한다. 일반적으로 $\boldsymbol{y}^H\boldsymbol{x}$는 실수일 필요는 없지만

$$\boldsymbol{x}^H\boldsymbol{x} = |x_1|^2 + \cdots + |x_n|^2 \in \mathbb{R}$$

이므로 $\boldsymbol{x}^H\boldsymbol{x}$는 음이 아닌 실수값이다.

성분이 실수인 행렬 A가 $A^T = A$를 만족하면 대칭행렬이라고 하였다. 성분이 복소수인 행렬 A가 $\bar{A}^T = A$를 만족하면 허미션 행렬(Hermitian matrix)이라고 한다. 허미션 행렬의 대각성분들은 이 것들의 켤레복소수와 같아야함으로 실수이어야 한다. 따라서 허미션 행렬이 되려면 $\begin{bmatrix} 2 & \cdot \\ \cdot & 5 \end{bmatrix}$와 같이 대각성분이 실수이고 $\begin{bmatrix} 2 & 3+i \\ \cdot & 5 \end{bmatrix}$가 되면 $\begin{bmatrix} 2 & 3+i \\ 3-i & 5 \end{bmatrix}$가 되어야 한다.

복소수 벡터 $\boldsymbol{q}_1, \boldsymbol{q}_2, \cdots, \boldsymbol{q}_n$이

$$\boldsymbol{q}_i{}^H\boldsymbol{q}_j = \begin{cases} 0, & i \neq j \\ 1, & i = j \end{cases} \tag{5.16}$$

일 때 서로 수직이라고 한다. 이때 벡터들의 길이도 1이다.

(5.16)은 $Q = \begin{bmatrix} | & & | \\ \boldsymbol{q}_1 & \cdots & \boldsymbol{q}_n \\ | & & | \end{bmatrix}$이라고 하면

$$Q^H Q = I \tag{5.17}$$

가 된다. (5.17)를 만족하는 행렬을 유니터리 행렬(unitary matrix)이라고 한다.

5.4.2 푸리에 행렬

복소행렬로 가장 유명한 것을 푸리에의 이름이 붙은 다음 행렬이다.

$$F_n = \begin{bmatrix} 1 & 1 & 1 & \cdots & 1 \\ 1 & w & w^2 & & w^{n-1} \\ 1 & w^2 & w^4 & & w^{2(n-1)} \\ \vdots & \vdots & \vdots & & \vdots \\ 1 & w^{n-1} & w^{2(n-1)} & & w^{(n-1)^2} \end{bmatrix} \tag{5.18}$$

여기서 w는 $w^n = 1$을 만족하는 복소수로

$$w = e^{i\frac{2\pi}{n}} = \cos\frac{2\pi}{n} + i\sin\frac{2\pi}{n}$$

이다. w의 거듭제곱을 계산하기 위해서는 w를 직교좌표로 나타내는 것보다 극좌표로 나타내는 것이 더 낫다.

$n = 6$인 경우 $w = e^{i\frac{2\pi}{6}}$와 $w^2, \cdots, 2w^5$는 복소평면의 반지름이 1인 원 위의 그림과 같은 점들이다.

행렬 F_n을 푸리에 행렬(Fourier matrix)이라고 한다. 이 행렬의 (i,j) 성분은

$$(F_n)_{ij} = w^{ij}, \quad i,j = 0,1,\cdots,n-1$$

이다. 여기서는 편의상 첨자가 0에서 부터 시작하는 것으로 한다.

(5.18)에서 $n = 4$인 경우:

$$w = e^{i\frac{2\pi}{4}} = i,$$

$$w^2 = i^2 = -1, w^3 = i^3 = -i, w^4 = i^4 = 1$$

이고

$$F_4 = \begin{bmatrix} 1 & 1 & 1 & 1 \\ 1 & i & i^2 & i^3 \\ 1 & i^2 & i^4 & i^6 \\ 1 & i^3 & i^6 & i^9 \end{bmatrix} = \begin{bmatrix} 1 & 1 & 1 & 1 \\ 1 & i & -1 & -i \\ 1 & -1 & 1 & -1 \\ 1 & -i & -1 & i \end{bmatrix}$$

이다. 여기서 i의 지수는 0부터 세기 시작한 행과 열을 더한 값이다.

그러면 무엇이 이 행렬을 대단하게 만드는가?

이 행렬은 4점 푸리에 변환에 나오는 행렬이다. 성분이 네 개인 벡터의 4점 푸리에 변환을 구할 때 이 F_4나 $F_4{}^{-1}$로 곱해야 한다. F_4의 열들이 서로 수직이기 때문에 역행렬을 쉽게 구할 수 있다. 이 행렬을 많은 성분이 0인 행렬의 조각으로 나누어 이 행렬이나 이 행렬의 역행렬의 곱을 빨리 계산할 수 있다. 이제 F_4의 열들이 서로 수직임을 보이자. 예를 들어

$$\boldsymbol{c}_2^T \boldsymbol{c}_4 = 1+1+1+1 \neq 0$$

이지만

$$\bar{\boldsymbol{c}}_2^T \boldsymbol{c}_4 = 1 - 1 + 1 - 1 = 0$$

이다. 각 열들의 길이가 1은 아니지만 이 문제는 쉽게 해결할 수 있다. 각 열벡터의 길이는 2이므로

$$F_4 = \frac{1}{2}\begin{bmatrix} 1 & 1 & 1 & 1 \\ 1 & i & -1 & -i \\ 1 & -1 & 1 & -1 \\ 1 & -i & -1 & i \end{bmatrix}$$

로 놓으면 각 열벡터들이 정규직교이다. 따라서 $F_4^H F_4 = I$이고 역행렬의 정의에 의해

$$F_4{}^{-1} = F_4{}^H$$

이다.

5.4.3 고속 푸리에 변환

F_6는 크기가 반인 F_3와 관계가 있고 F_8는 F_4와 관계가 있다. F_{64}의 w를 w_{64}이라고 하면 $w_{64} = e^{i\frac{2\pi}{64}}$은 반지름이 1인 원을 한 바퀴 도는 것의 $\frac{1}{64}$이다. 이 행렬의 크기의 반인 F_{32}의 w_{32}는 각이 두 배가 된다. 따라서 $w_n = e^{i\frac{2\pi}{n}}$라고하면 $w_{64}{}^2 = w_{32}$이다.

F_{64}는 F_{32}와 다음과 같은 관계가 있다.

$$\begin{bmatrix} \\ F_{64} \\ \\ \end{bmatrix} = \left[\begin{array}{c|c} I & D \\ \hline I & -D \end{array}\right] \left[\begin{array}{c|c} F_{32} & 0 \\ \hline 0 & F_{32} \end{array}\right] \left[\begin{array}{cccccc} 1 & & & & & \\ & & 1 & & & \\ & & & & 1 & \\ \hline & 1 & & & & \\ & & & 1 & & \\ & & & & & 1 \end{array}\right]$$

여기서 $D = \begin{bmatrix} 1 & & & & \\ & w & & & \\ & & w^2 & & \\ & & & \ddots & \\ & & & & w^{31} \end{bmatrix}$ 이고 치환행렬 $\left[\begin{array}{cccccc} 1 & & & & & \\ & & 1 & & & \\ & & & & 1 & \\ \hline & 1 & & & & \\ & & & 1 & & \\ & & & & & 1 \end{array}\right]$ 은 짝수행과 홀수행을 각각 모으는 역할을 한다.

F_64에 열벡터를 곱하려면 $(64)^2$번의 곱셈을 하여야 하지만 위 분해를 이용하면 $(32)^2$번의 곱셈을 두 배로 하고 32번의 곱셈이 더 필요하다(fix-up). 다시 $(32)^2$번의 곱셈은 $(16)^2$의 곱셈의 두 배와 16번의 곱셈이 필요하다. 이렇게 귀납적으로 곱셈의 횟수를 계산해 나가면 $6 \times 32 = \log_2 64 \times 64/2$번의 곱셈이 필요함을 알 수 있다.

일반적으로 F_n의 곱에는 $(n/2)\log_2 n$번의 곱셈이 필요하다. $n = 1024 = 2^{10}$인 경우 $n^2 > 1,000,000$인데 $(n/2)\log_2 n = 1024 \times 5$이므로 필요한 곱셈의 횟수가 약

$$\frac{1}{200}$$

로 줄어든다.

5.4.4 연습 문제

문제 5.4.1. 허미션 행렬은 유니터리 행렬에 의해 대각화가 가능함을 보이시오.

문제 5.4.2. 허미션 행렬의 행렬식은 실수임을 보이시오.

문제 5.4.3. 성분이 실수인 행렬 R와 S에 대해서 $A = R + iR$이 허미션 행렬일 때

(1) 행렬 R와 S는 대칭행렬인가?

(2) 행렬 R와 S를 이용하여 대칭행렬을 만드시오.

5.5 양의 정부호와 최소

이 절의 주안점은 지금까지 다루었던 축, 행렬식, 고유값, 4점 불안정성(four point instability), $\boldsymbol{x}^T A\boldsymbol{x}$의 개념을 한데 묶는 것이다. 행렬이 언제 양의 정부호인지 알 수 있는 방법과 양의 정부호의 의미를 알아본다. 다음으로 왜 양의 정부호 행렬에 관심이 있는지 알아보고 마지막으로 타원이 이것과 관련이 있음을 보인다.

5.5.1 양의 정부호 소개

§5.3.1에서 대칭행렬의 고유값들이 모두 실수임을 알았으므로 다음으로 이 값들의 부호에 관심이 있다. 그렇지만 이 문제에 답하기 위해서 긴 계산을 하여 고유값을 모두 구하고 싶지는 않다. 예를 들어 50×50 행렬의 고유값을 연필로 종이에 계산하려면 평생이 걸릴지도 모른다. 지금부터 2–30년 전에는 어떻게 해야 할 지 아무도 몰랐다. 전 과학계가 이 문제에 막혀 있었다. 50×50 또는 더 큰 100×100 행렬의 고유값을 어떻게 구할 것인가? $A-\lambda I$의 행렬식을 구하여 50차 또는 100차 다항식의 근을 구하면 된다. 매트랩을 이용하여 50×50 또는 100×100 행렬의 행렬식을 계산할 수 있겠지만 이 방법이 고유값을 구하는 좋은 방법은 아니다. 2×2 행렬이나 3×3 행렬에 대해서는 효과적인 방법이겠지만 50×50 행렬이나 100×100 행렬에 대해서는 그렇지 못하다. 그렇지만 매트랩으로 50×50 행렬의 축을 쉽게 계산할 수 있다. 축과 고유값이 같은 것은 아니지만 다음과 같은 놀라운 관계가 성립한다.

정리 5.5.1. 대칭행렬의

$$\text{양인 축의 개수} = \text{양인 고유값의 개수}$$

이다.

정리 5.5.2. 행렬의 열의 순서를 바꾸지 않은 축의 곱은 고유값의 곱과 같다.

그러나 이 정리도 여전히 개개의 고유값이 무엇인지 알려주지 않는다.

대칭행렬 중 모든 고유값이 양수인 행렬을 양의 정부호 행렬(positive definite matrix)이라고 한다.

보기 5.5.1. $A = \begin{bmatrix} 5 & 2 \\ 2 & 3 \end{bmatrix}$의 첫 번째 축은 5이다. 두 축의 곱은 A의 행렬식과 같은데 $\det A = 11$이다. 따라서 첫 번째 축이 5이면 두 번째 축은 11/5이다.

따라서 정리 5.5.1에 의해 고유값은 모두 양수이다. 실제로 고유값을 구해보자. 특성방정식은

$$\det(A - \lambda I) = \lambda^2 - 8\lambda + 11 = 0$$

이다. 따라서

$$\lambda_1 = 4 + \sqrt{5}, \quad \lambda_2 = 4 - \sqrt{5}$$

인데 λ_1, λ_2는 예상대로 모두 양수이다. 이 행렬의 왼쪽 위의 1×1 부분행렬, 2×2 부분행렬의 행렬식도 각각 5와 11로 모두 양수이다.

일반적으로 양의 정부호인 $n \times n$ 대칭행렬의 왼쪽 위의 $1\times1, 2\times2, \cdots, n\times n$ 부분행렬의 행렬식은 양수이다.

보기 5.5.2. 행렬 $A = \begin{bmatrix} -1 & 0 \\ 0 & -3 \end{bmatrix}$은 대칭행렬이다. 고유값은 $\lambda_1 = -1, \lambda_2 = -3$이고 축은 -1과 -3이다. 따라서 이 행렬에 대해서도 당연히 정리 5.5.1가 성립하지만 부분행렬의 행렬식은 $-1, 3$이다.

5.5.2 양의 정부호의 정의

양의 정부호임을 이야기하기 위해서는 행렬이 대칭행렬임을 가정한다.

정리 5.5.3. 2×2 대칭행렬 $A = \begin{bmatrix} a & b \\ b & d \end{bmatrix}$에 대하여 다음 4가지 조건은 동치이다.

(a) (고유값 테스트) λ_1, λ_2가 행렬 A의 고유값일 때 $\lambda_1 > 0, \lambda_2 > 0$

(b) (행렬식 테스트) $a > 0, ad - b^2 > 0$

(c) (축 테스트) $a > 0, \frac{ad-b^2}{a} > 0$

(d) 모든 $\boldsymbol{x} \neq \mathbf{0}$에 대해서 $\boldsymbol{x}^T A\boldsymbol{x} > 0$

정의 5.5.1. 모든 $\boldsymbol{x} \neq \mathbf{0}$에 대해서 $\boldsymbol{x}^T A\boldsymbol{x} > 0$이면 A를 양의 정부호(positive definite)라고 하고 $\boldsymbol{x}^T A\boldsymbol{x} \geq 0$이면 양의 준정부호(positive semi-definite)라고 한다.

보기 5.5.3. 대칭행렬 $\begin{bmatrix} 2 & 6 \\ 6 & 18 \end{bmatrix}$은 경계에 있는 양의 준정부호 행렬이다. 이 행렬의 행렬식이 0이므로 특이행렬이다. 따라서 $\lambda_1 = 0$이 이 행렬의 고유값이 된다. 또 이 행렬의 대각합이 20이고 대각합은 고유값의 합과 같으므로 다른 고유값은 $\lambda_2 = 20$임을 알 수 있다. 다른 한편 이 행렬이 특이행렬이므로 축이 하나만 존재한다. 이 경우는 축이 2 뿐이다.

$\boldsymbol{x} = \begin{bmatrix} x_1 \\ x_2 \end{bmatrix}$라고하면

$$\begin{aligned} \boldsymbol{x}^T A\boldsymbol{x} &= \begin{bmatrix} x_1 & x_2 \end{bmatrix} \begin{bmatrix} 2 & 6 \\ 6 & 18 \end{bmatrix} \begin{bmatrix} x_1 \\ x_2 \end{bmatrix} \\ &= \begin{bmatrix} x_1 & x_2 \end{bmatrix} \begin{bmatrix} 2x_1 + 6x_2 \\ 6x_1 + 18x_2 \end{bmatrix} \\ &= 2{x_1}^2 + 12x_1x_2 + 18{x_2}^2 \\ &= a{x_1}^2 + 2bx_1x_2 + d{x_2}^2 \end{aligned}$$

으로 2차형식(2차 다항식의 합으로 표현)이 된다.

이 경우

$$\begin{aligned} \boldsymbol{x}^T A\boldsymbol{x} &= 2{x_1}^2 + 12x_1x_2 + 18{x_2}^2 \\ &= 2(x_1 + 3x_2)^2 \\ &\geq 0 \end{aligned}$$

이다. 특별이 직선 $x_1 + 3x_2 = 0$을 따라서는 $\boldsymbol{x}^T A\boldsymbol{x} = 0$이다.

보기 5.5.4. 이 행렬을 적당히 조절하여 $\begin{bmatrix} 2 & 6 \\ 6 & 7 \end{bmatrix}$을 생각해보면 첫 번째 축은 2이고 두 번째 축은 $-22/2$이다. 따라서 정리 5.5.3의 축 테스트를 통과하지 못한다.

$$\begin{aligned} \boldsymbol{x}^T A\boldsymbol{x} &= 2{x_1}^2 + 12x_1x_2 + 7{x_2}^2 \\ &= 2({x_1}^2 + 6x_1x_2 + 9{x_2}^2) - 11{x_2}^2 \\ &= 2(x_1 + 3x_2)^2 - 11{x_2}^2 \end{aligned}$$

이다.

> 이때 어떤 $\boldsymbol{x} = \begin{bmatrix} x_1 \\ x_2 \end{bmatrix}$에 대해서 $\boldsymbol{x}^T A\boldsymbol{x}$가 음수가 되는지 살펴보자.

우선 $x_1 = 1, x_2 = -1$이면 $\boldsymbol{x}^T A\boldsymbol{x} = -3 < 0$이다.

$$f(x_1, x_2) = \boldsymbol{x}^T A\boldsymbol{x} = 2{x_1}^2 + 12x_1x_2 + 7{x_2}^2$$

라고 정의하자.

f의 그래프는 원점 $(0, 0)$을 지나고 $x_2 = 0$인 평면에서는 $2{x_1}^2$인 포물선이다. $x_1 = 0$이면 그래프는 $7{x_2}^2$인 포물선이다. x_1 방향과 x_2 방향으로는 그래프가 위로 올라간다. $x_1 = x_2$인 $45°$ 방향으로도 그래프가 위로 올라간다.

$f(x_1, x_2)$가 $(0, 0)$에서 최소값을 갖는가? $x_1 = -x_2$인 방향으로는

$$f(x_1, x_2) = -3{x_1}^2 < 0$$

이므로 $(0, 0)$이 말안장점(saddle point)가 된다. 말안장은 말의 등줄기를 따른 방향으로는 증가하지만 이 방향의 $90°$가 되는 방향(다리를 놓는 방향)으로는 감소한다. 말안장점은 함수값이 어떤 방향으로는 최대가 되고 다른 방향으로는 최소가 되는 점이다. 실제로 고유벡터 방향이 이런 방향이다.

등위곡선 $f(x_1, x_2) = c$는 쌍곡선을 이룬다.

보기 5.5.5. 이제 $\begin{bmatrix} 2 & 6 \\ 6 & 20 \end{bmatrix}$에 대해서 정리 5.5.3의 4가지 조건을 계산해 보자.

(1)이 행렬의 고유값을 λ_1, λ_2라고 하면

$$\lambda_1 + \lambda_2 = 22,$$

$$\lambda_1\lambda_2 = 4$$

이다. λ_1, λ_2의 곱이 양수이므로 λ_1, λ_2는 같은 부호인데 λ_1, λ_2의 합이 양수이므로 $\lambda_1 > 0, \lambda_2 > 0$이다.

(2)

$$\boldsymbol{x}^T \begin{bmatrix} 2 & 6 \\ 6 & 20 \end{bmatrix} \boldsymbol{x} = 2{x_1}^2 + 12x_1x_2 + 20{x_2}^2$$
$$= 2({x_1}^2 + 6x_1x_2 + 9{x_2}^2) + 2{x_2}^2$$
$$= 2(x_1 + 3x_2)^2 + 2{x_2}^2$$

이다. 따라서 $\boldsymbol{x} \neq \begin{bmatrix} 0 \\ 0 \end{bmatrix}$이면 $\boldsymbol{x}^T A\boldsymbol{x} > 0$이다. 물론 $\boldsymbol{x} = \begin{bmatrix} 0 \\ 0 \end{bmatrix}$이면

$$\boldsymbol{x}^T A\boldsymbol{x} = 0$$

이고 이 값이 $\boldsymbol{x}^T A\boldsymbol{x}$의 최소값이다.

여기서 제곱한 항인 $2{x_1}^2, 20{x_2}^2$은 항상 양수이지만 $12x_1x_2$는 양수일 수도 있고 음수일 수도 있다. 그렇지만 ${x_1}^2, {x_2}^2$ 항이 x_1x_2 항보다 압도적으로 크면 x_1x_2 항이 음수이더라도 $\boldsymbol{x}^T A\boldsymbol{x}$는 양수이다. 따라서 그래프는 원점에서 위로 올라가는 대접모양이다.

원점에서의 이 2차형식 f의 편미분은 모두 0이므로 이 그래프의 원점에서의 접평면은 $x_1\,x_2$ 평면이다. 그렇지만 아직 원점에서 최소값을 갖는 것을 보장할 수는 없다. 따라서 2계편미분이 필요한데 원점에서 최소이려면 접선의 기울기가 증가해야 한다.

여기서 2 차원인 경우를 n 차원인 경우로 확장하자. 함수 $f(x_1, \cdots, x_n)$이 최소값을 가지려면 1계편미분

$$\frac{\partial f}{\partial x_1} = 0, \ \ldots, \frac{\partial f}{\partial x_n} = 0$$

이고 2계편미분으로 이루어진 행렬

$$\left[\frac{\partial^2 f}{\partial x_i \partial x_j} \right]$$

이 양의 정부호이어야 한다.

여기서 $\boldsymbol{x}^T A\boldsymbol{x}$를 완전제곱(complete square) 꼴로 표현할 때 나타나는 계수 $2, 3, 2$에 유의하여야 한다. $2, 2$가 축이고 3은 승수이다.

$$f(x_1, x_2) = \boldsymbol{x}^T A\boldsymbol{x} = 2{x_1}^2 + 12x_1x_2 + 20{x_2}^2$$

의 등위곡선 $f(x_1, x_2) = c,\ c > 0$는 타원이고 f는 $\begin{bmatrix} 0 \\ 0 \end{bmatrix}$에서 최소값을 갖는다.

$$A = \begin{bmatrix} 2 & 6 \\ 6 & 20 \end{bmatrix} \rightarrow U = \begin{bmatrix} 2 & 6 \\ 0 & 2 \end{bmatrix} \text{이고 } L = \begin{bmatrix} 1 & 0 \\ 3 & 1 \end{bmatrix}$$

이다. 여기서 축은 2와 2이고 승수는 3이다.

아직 $\boldsymbol{x} = \begin{bmatrix} x_1 \\ x_2 \end{bmatrix} \neq \begin{bmatrix} 0 \\ 0 \end{bmatrix}$인 경우 $f(x_1, x_2) > 0$임을 증명하지는 못하였다. $f(x_1, x_2)$를 완전제곱 꼴로 변형하면

$$f(x_1, x_2) = 2(x_1 + 3x_2)^2 + 2{x_2}^2$$

인데 여기서 2와 2 때문에($(x_1 + 3x_2)^2 > 0$이고 ${x_2}^2 > 0$이다.) $\boldsymbol{x} \neq \mathbf{0}$이면 $f(x_1, x_2) > 0$이다. $(x_1 + 3x_2)^2$의 3은 소거 과정의 승수이다.

여기에서 보는 것처럼 일반적으로 축이 양수인 경우 모든 $\boldsymbol{x} \neq \mathbf{0}$에 대해서 $\boldsymbol{x}^T A\boldsymbol{x} > 0$이다.

미분적분학의 2계도함수 판정법에 의하면 $f(x_1, x_2)$가 $(0, 0)$에서 최소값을 가지려면 $f_{x_1}(0, 0) = 0, f_{x_2}(0, 0) = 0$이고 $f_{x_1x_1} > 0, f_{x_2x_2} > 0$인 것으로 충분하지 않다. $\begin{bmatrix} f_{x_1x_1} & f_{x_1x_2} \\ f_{x_1x_2} & f_{x_2x_2} \end{bmatrix}$가 양의 정부호이어야 한다.

이제 3×3 행렬인 경우를 살펴보자.

보기 5.5.6. 대칭행렬 $A = \begin{bmatrix} 2 & -1 & 0 \\ -1 & 2 & -1 \\ 0 & -1 & 2 \end{bmatrix}$는 양의 정부호인가? $\boldsymbol{x}^T A\boldsymbol{x}$가 원점에서 최소값 0을 갖는가?

(1) 부분행렬의 행렬식은

$$2, \quad \begin{vmatrix} 2 & -1 \\ -1 & 2 \end{vmatrix} = 3, \quad \begin{vmatrix} 2 & -1 & 0 \\ -1 & 2 & -1 \\ 0 & -1 & 2 \end{vmatrix} = 4$$

로 모두 양수이므로 정리 5.5.3의 행렬식 테스트에 의해 A는 양의 정부호이다.

(2) 고유값을 계산해 보면

$$\lambda_1 = 2 - \sqrt{2}, \lambda_2 = 2, \lambda_3 = 2 + \sqrt{2}$$

인데 모두 양수이다. 특성방정식의 해를 구해보지 않아도 $\lambda_1, \lambda_2, \lambda_3$가 행렬 A의 고유값이 될 가능성이 있음을 알 수 있다. $\lambda_1 + \lambda_2 + \lambda_3$는 행렬 A의 대각합인 6이고 $\lambda_1\lambda_2\lambda_3$는 행렬 A의 행렬식인 4이다.

(3) 축은 $2, 3/2, 4/3$으로 모두 양수이다.

(4) 마지막으로

$$\begin{aligned} f(x_1, x_2, x_3) &= \boldsymbol{x}^T A\boldsymbol{x} \\ &= 2{x_1}^2 + 2{x_2}^2 + 2{x_3}^2 - 2x_1x_2 - 2x_2x_3 \\ &> 0 \end{aligned}$$

이다. 여기서 ${x_1}^2, {x_2}^2, {x_3}^2$의 계수는 바로 행렬 A의 대각성분이고 대각성분 이외의 성분인 -1에 의해 x_1x_2의 계수는 -2, 0에 의해 x_1x_3의 계수는 0, -1에 의해 x_2x_3의 계수는 -2가 된다. 정리 5.5.3에 의해 $\boldsymbol{x} \neq \boldsymbol{0}$이면 $f(x_1, x_2, x_3) > 0$

이다.

등위곡면 $f(x_1, x_2, x_3) = 1$(높이가 1인 점들의 집합)은 타원면(ellipsoid)이 되고 3개의 주방향이 있는데 3개의 고유벡터에 의해서 장축(major axis), 중간축(middle axis), 단축(minor axis)이 결정된다. 타원면이 구면이면 모든 방향이 주방향이 된다. 타원면의 대표적인 예로 럭비공을 들 수 있는데 럭비공은 고유값이 두 개가 같은 경우이다. 각 축의 길이는 고유값에 의해 결정된다.

5.5.3 양의 정부호에 관한 정리

§5.5.2에서 대칭행렬이 양의 정부호인지 축, 고유값, 행렬식을 이용하여 직접 테스트 할 수 있었다. 그렇지만 양의 정부호 행렬을 어떻게 얻을 수 있는지는 아직 언급하지 않았다. 이런 행렬이 §3.3.1와 §3.3.2에서 설명한 최소제곱법에 나타났었다. 실질적인 문제에서는 직사각행렬을 다루게 되는데 최소제곱법에서는 A^TA형태의 행렬이 나타났다. 이 행렬이 양의 정부호이다.

정리 5.5.4. 대칭행렬 A가 양의 정부호이면 A의 역행렬 A^{-1}도 양의 정부호이다.

증명 A의 축과 A^{-1}의 축의 관계는 알 수 없다.

$A\boldsymbol{x} = \lambda\boldsymbol{x}$이라고 하자. 양변의 왼쪽에서 A^{-1}를 곱하면 $A^{-1}(A\boldsymbol{x}) = A\boldsymbol{x}$이고 $\boldsymbol{x} = \lambda A\boldsymbol{x}$이어서 $A\boldsymbol{x} = (1/\lambda)\boldsymbol{x}$ 이다. 따라서 λ가 A의 고유값이면 $1/\lambda$가 A^{-1}의 고유값이 된다. $\lambda > 0$이면 $1/\lambda > 0$이므로 정리 5.5.3에 의해 A가 양의 정부호이면 A^{-1}도 양의 정부호이다. □

정리 5.5.5. 두 대칭행렬 A와 B가 양의 정부호이면 $A+B$도 양의 정부호이다.

증명 A와 B의 축, 고유값이나 행렬식과 $A+B$의 축, 고유값이나 행렬식과의 관계를 맺기는 어렵다.

A와 B가 양의 정부호이면

$$\boldsymbol{x}^T(A+B)\boldsymbol{x} = \boldsymbol{x}^T A\boldsymbol{x} + \boldsymbol{x}^T B\boldsymbol{x} > 0$$

이다. 즉, $A+B$도 양의 정부호이다. □

이제 직사각행렬인 경우를 생각해보자. A가 계수가 n인 $m\times n$ 행렬이라고 하자. A^TA는 $n\times n$ 정사각행렬이고 대칭행렬이다. 더 나아가

정리 5.5.6. A가 계수가 n인 $m\times n$ 행렬일 때 A^TA는 양의 정부호이다.

증명 A가 $m{\times}n$ 행렬이면 A^T는 $n{\times}m$ 행렬이고 A^TA는 $n{\times}n$ 행렬이다. $(A^TA)^T = A^T(A^T)^T = A^TA$이므로 A^TA는 대칭행렬이다.

$$\boldsymbol{x}^T(A^TA)\boldsymbol{x} = (\boldsymbol{x}^TA^T)A\boldsymbol{x} = (A\boldsymbol{x})^TA\boldsymbol{x} \geq 0$$

이다. 여기서 $\boldsymbol{x}\neq\mathbf{0}$인 경우 $(A\boldsymbol{x})^TA\boldsymbol{x}=0$일 가능성을 배제하면 증명이 끝난다. $A\boldsymbol{x}\neq\mathbf{0}$이면 $(A\boldsymbol{x})^TA\boldsymbol{x}\neq 0$이다. 따라서 $\boldsymbol{x}\neq\mathbf{0}$일 때 $A\boldsymbol{x}\neq\mathbf{0}$임을 보이면 된다. 즉, A의 영공간 $N(A)$가 $N(A)=\{\mathbf{0}\}$이면 된다.

A의 계수가 n이면 선형대수의 기본정리에 의해

$$n = \dim N(A) + \operatorname{Rank} A$$

이므로 $\dim N(A)=0$이다. 즉, $N(A)=\{\mathbf{0}\}$이다.

$A\boldsymbol{x} = \mathbf{0}$인 경우만 $\boldsymbol{x}^T A^T A\boldsymbol{x} = 0$ 이므로 $\boldsymbol{x} \neq \mathbf{0}$일 때 $A\boldsymbol{x} \neq \mathbf{0}$이면 $\boldsymbol{x}^T A^T A\boldsymbol{x} = (A\boldsymbol{x})^T A\boldsymbol{x} > 0$이다. $\boldsymbol{x} \neq \mathbf{0}$일 때 $A\boldsymbol{x} \neq \mathbf{0}$이려면 $N(A) = \{\mathbf{0}\}$이어야 한다. 즉, $\operatorname{Rank} A = n$이다. □

양의 정부호 행렬인 경우 모든 축이 양수이다. 따라서 모든 축이 영이 아니므로 소거를 위한 계산 등을 할 때 열을 치환할 필요가 없다.

5.5.4 연습 문제

문제 5.5.1. 행렬 $\begin{bmatrix} 2 & -1 & -3 \\ -1 & 2 & 4 \\ -3 & 4 & 9 \end{bmatrix}$이 양의 정부호임을 가능한 한 여러가지 방법으로 보이시오.

문제 5.5.2. 이차형식

$$Q(\boldsymbol{x}) = -9{x_1}^2 - {x_2}^2 + 4{x_3}^2 - 4x_1x_2 - 6x_1x_3 - 8x_2x_3$$

를 $Q(\boldsymbol{x}) = \boldsymbol{x}^T A\boldsymbol{x}$로 나타낼 수 있는 행렬 A를 구하시오.

문제 5.5.3. $A = \begin{bmatrix} 5 & 1 & -4 \\ 1 & 9 & -9 \\ -4 & -9 & -9 \end{bmatrix}$일 때 이차형식 $Q(\boldsymbol{x}) = \boldsymbol{x}^T A\boldsymbol{x}$를 구하시오.

문제 5.5.4. 다음 행렬에 의해서 정의되는 이차형식 $Q(\boldsymbol{x}) = \boldsymbol{x}^T A\boldsymbol{x}$이 양의정부호인지 아닌지 밝히시오.

(1) $\begin{bmatrix} 4 & -2 \\ -2 & 1 \end{bmatrix}$

(2) $\begin{bmatrix} -8 & 0 & 0 \\ 0 & -1 & -2 \\ 0 & -2 & -4 \end{bmatrix}$

참고문헌

[1] H. Anton and C. Rorres. *Elementary Linear Algebra: Applications Version.* John Wiley and Sons, New York, NY, 10th edition, 2010.

[2] I. Herstein. *Topics in Algebra.* John Wiley and Sons, New York, NY, 2nd edition, 1975.

[3] K. Hoffman and R. Kunze. *Linear Algebra.* Prentice Hall, Upper Saddle River, NJ, 2nd edition, 1971.

[4] G. Strang. *Introduction to Linear Algebra.* Wellesley-Cambridge Press, Wellesley, MA, 4th edition, 2009.

[5] G. Williams. *Linear Algebra with Applications.* Jones and Barlett Publishers, Sudbury, MA, 8th edition, 2012.

찾아보기

원 대 연

- 덕성여자대학교 수학과 교수
- 서울대학교 자연과학대학 수학과(학사, 석사)
- University of California, Berkeley (Ph.D)

선형대수 입문

2015년 3월 20일 초판 인쇄
2015년 3월 25일 초판 발행

저 자 / 원대연
발행자 / 오판근
발행처 / 교우사

주 소 / 서울특별시 동대문구 약령시로 8 교우빌딩 2층
전 화 / 925-2861(代), 편집부 / 925-2825, 홈쇼핑 / 969-5762
팩 스 / 925-2860

이메일 / kyowoo@kyowoo.co.kr
홈페이지 / http://www.kyowoo.co.kr
북스토어(쇼핑몰) / http://www.kyowoo.co.kr

등록 / 1994. 3. 24 제6-0256호

ISBN 979-11-251-0092-8 (93410)

값 **19,000** 원